야밤의
고대사
만화

야밤의 공대생 만화

지은이 맹기완

뿌리와 이파리

* 차례

세기의 배틀이 시작된다! – 천재들의 라이벌 대결

전설의 시작, 트랜지스터 • 8
최후의 점성술사 • 16
최단강하곡선을 찾아라 • 28
미적분학의 아버지는 누구인가? • 42
전류 전쟁 • 56
DNA의 비밀을 밝혀라 • 68

발톱 자국만 봐도 사자임을 알겠다 – 인류 최강 뇌섹남들의 활약

위대한 수학자 오일러 • 86
영국의 은화를 지켜라 • 96
수알못 흙수저 과학자 • 110
나는 전설이다 • 126
문이과 마스터 빌 게이츠 • 142

인생은 타이밍 – 비운의 학자들

토머스 영의 우울 • 156
비운의 천재 수학자 • 164
최초의 프로그래머 • 178
무한대를 본 남자 • 190

우리 과학자 모두는
약간 미친 겁니다 – 이상한 과학자의 기이한 사례

사랑꾼(?) 슈뢰딩거 • 202
세상에서 가장 과묵한 과학자 • 214
템플 마스터 • 228
위기의 닐스 보어 • 243
파울리와 스핀의 발견 • 252
농담도 잘하시는 파인만 씨 • 264

그것이 실제로
일어났습니다 – 난제를 해결한 천재들

페르마의 마지막 정리 • 282
4개의 색이면 충분한 것으로 보인다 • 294
푸앵카레 추측의 증명 • 308
나는 뇌의 작동 원리를 알고 있다 • 326

플레이보이와 게임이
컴퓨터를 만들었다? – 컴퓨터의 뒷이야기

인터넷의 퍼스트레이디 • 342
아타리 쇼크 • 352
유닉스의 탄생 • 362
BSD와 법적 공방 • 374

저자 후기 • 386

세기의 배틀이 시작된다!

천재들의 라이벌 대결

#〈전설의 시작, 트랜지스터〉

트랜지스터는 컴퓨터의 기본이 되는 아주아주 중요한 부품으로,

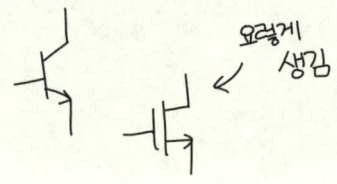
요렇게 생김

이 세 사람이 만들었다.

존 바딘 (John Bardeen)
월터 브래튼 (Walter Brattain)
윌리엄 쇼클리 (William Shockley)

필명숨김(무당벌레)
저 중 바딘은 초전도 현상을 설명하는 이론을 제안하여 노벨 물리학상을 한번 더 수상합니다.

1947년 12월 23일, 그들은 세계 최초의 트랜지스터를 완성하는데…

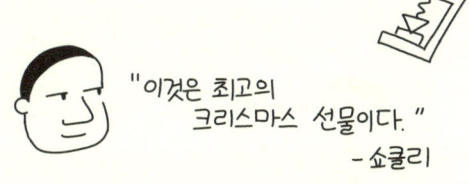

쇼클리는 시키기만 하고 거의 일을 안 했기 때문에 특허에 이름을 올리지 못한다. (팀장 같은 거였음)

이에 격분한 쇼클리, 혼자서 더 좋은 트랜지스터를 만들기 위한 연구를 시작하는데…

"나는 더 좋은 트랜지스터를 만들 것이다. 만들어서 특허에서 니네 이름 다 빼고 내 이름만 넣을 것이다."
(실제로 이렇게 말함)

ㅋㅋㅋ 잘 해봐라
Good Luck~

3년만에 진짜 만든다. (진짜 더 좋음)

그냥 크리스마스에 디즈니랜드나 갈걸…

결국 세 명은 화해(?)하고 다 같이 노벨상을 받는다.

Happy Ending ~

교훈:
싸가지 없으려면
천재이면 된다.

D******** K**
엌ㅋㅋㅋㅋㅋㅋㅋ

뒷 이야기 | 쇼클리는 그 뒤 "쇼클리 반도체 연구소"라는 회사를 차리는데, 엄청난 인재들이 들어온다.

고든 무어
(Gordon Moore)

로버트 노이스
(Robert Noyce)

등등…

그러나 곧 쇼클리와의 불화로 회사를 뛰쳐나와 창업을 하게 되는데…

나가 이 배신자들 나가서 얼마나 잘 되나 보자

그렇게 생긴 회사가 페어차일드와 인텔. 쇼클리네 회사는 날리고 폭망한다.

어 되게 잘됐네…

권혁수
갓텔…

TJ Ted Yun
페어차일드 ㄷㄷ

성찬제
그러니깐,
크리스마스에는
쉬어야…

교훈 2.
천재라고 깝치지 말자
너 말고도 천재 많다.
(물론 제 얘기는 아님…)

S******K**
아... 자라나라 머리머리

신명우
공대가 이렇게 위험합니다!

김**
아... 앙대!

숨은 교훈.
공대 가지 말자
(등장인물들 다 탈모…)

끝.

그룹채팅(야밤의 공대생 만화, 윌리엄 쇼클리)

야밤의 공대생 만화
트랜지스터를 처음 발명하신 쇼클리 선생님을 모셨습니다.

윌리엄 쇼클리
안녕하세요, 쇼클리라고 합니다. 근데 왜 저랑 똑같이 생기셨죠?

 야밤의 공대생 만화
제 데뷔작이 선생님 이야기여서 그냥 선생님 캐릭터를 제 캐릭터로 쓰고 있습니다.

윌리엄 쇼클리
그렇군요. 하긴 제가 좀 잘생기긴 했죠.

야밤의 공대생 만화
덕분에 독자들이 제가 머리 벗어진 중년인 줄 알던데요.

윌리엄 쇼클리
……

야밤의 공대생 만화
……그나저나 트랜지스터가 뭔가요?

윌리엄 쇼클리
트랜지스터는 컴퓨터를 만드는 데 들어가는 중요한 부품이에요. 말하자면 스위치 같은 거죠. 컴퓨터라는 게 복잡해 보여도 '~하면 ~한다' 같은 조건문의 연속으로 이루어진 기계라 상황에 맞게 이어졌다 끊어졌다 하는 스위치들의 집합체입니다.

결국 컴퓨터를 만들려면 스위치가 많이 있어야 된다는 이야기인데, 트랜지스터가 그런 스위치 노릇을 하는 거죠.

 야밤의 공대생 만화
그럼 트랜지스터 이런 거 안 쓰고 진짜 전등 스위치로도 컴퓨터를 만들 수 있겠네요?

윌리엄 쇼클리
네 그렇습니다. 스위치 비스무리하기만 하면 뭘로든 컴퓨터를 만들 수 있습니다. 실제로 트랜지스터가 발명되기 전에는 진공관이라는 걸 썼고요. 근데 다른 대용품들은 엄청 느리고 엄청 큰데 비해 트랜지스터는 엄청 빠르고 엄청 작습니다.

 야밤의 공대생 만화
전등 스위치로 컴퓨터 만들면 엄청 크고 느리겠네요.

윌리엄 쇼클리
그런 짓 하면 미친놈이겠죠.

야밤의 공대생 만화
결국 현대의 컴퓨터가 이렇게 작아지고 빨라진 건 다 트랜지스터 덕분인 셈이군요!

윌리엄 쇼클리
그렇습니다. 그래서 노벨상도 받았죠.

 야밤의 공대생 만화
만화에는 안 나왔지만 그 유명한 실리콘밸리도 쇼클리 님이 시작하셨다면서요?

윌리엄 쇼클리
네. 실리콘밸리는 미국 서부의 첨단 산업들이 집약돼 있는 지역을 뜻합니다. 요새 핫한 애플, 구글, 마이크로소프트, 아마존 등등 내로라하는 IT기업들은 모두 이곳에 있죠.

근데 원래 여기에는 아무것도 없었어요. 제가 처음 이곳에 쇼클리 반도체 연구소를 세우니까 훌륭한 공학도들이 몰려들었고, 지금과 같은 산업 단지가 되었죠!

 야밤의 공대생 만화
오, 좀 멋있는데요? 실리콘밸리의 아버지시군요?

윌리엄 쇼클리
제가 원래 좀 멋있습니다.

 야밤의 공대생 만화
그런데 그렇게 훌륭한 분이 왜 망했나요?

윌리엄 쇼클리
만화에도 나왔지만 직원들과 불화가 좀 자주 있었거든요.

 야밤의 공대생 만화
(역시 능력보다는 싸가지가 중요하구나……)

〈최후의 점성술사〉

오늘의 주인공은 최초의 천체물리학자로 일컬어지는 요하네스 케플러이다.

"그는 최후의 점성술사이자
최초의 천체물리학자이다."
- 칼 세이건

요하네스 케플러
(Johannes Kepler)
1571-1630

천재 수학자였던 케플러는 천체의 운동을 수학적으로 연구하고 싶었으나, 당시에는 망원경이란 것이 없었다.

오빠 저 별은 무슨 별이야?　　몰라 다 똑같이 생겼구만...

때문에 당시에는 눈이 좋은 관측자가 맨눈으로 별을 관측하고 기록했는데, 이 분야의 1인자는 튀코 브라헤였다.

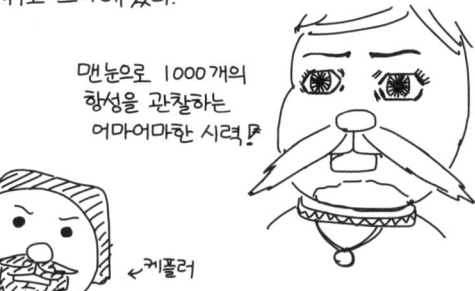

연구에 이러한 데이터가 필요했던 케플러는 브라헤의 밑으로 들어간다.

그러나 브라헤는 자신의 자료들을 공유하기를 거부하고, 둘은 계속 대립한다.

그러던 어느 날, 브라헤는 한 귀족이 주최하는
파티에 가게 되는데…

포도주를 잔뜩 마시고 오줌을 참던 그는…

돌연 사망한다.

케플러는 이 기회를 놓치지 않고 브라헤의 자료들을 모두 훔치고,

그 자료들을 기반으로 유명한 '케플러의 법칙'을 발견한다.

박**
실제로는 이제 브라헤 님께서 그 불의의 연고로(?) 돌아가실 때가 될 때, 침상에서 케플러에게 자신의 모든 관측치를 물려주겠다고 직접 유언을 남기셨다고 합니다 ㅎㅎ 안심하시길*

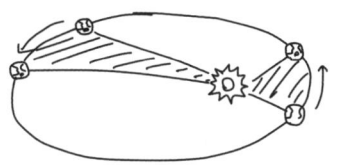

언어영역 비문학 단골 지문 케플러의 법칙

*때문에 케플러가 브라헤를 독살하였다는 설도 있다.

오늘의 교훈
: 오줌 참지
말자(?)

이**
???ㅋㅋㅋㅋㅋ

*작가 주: 훔쳤다는 표현은 재미를 위한 약간의 과장이지만, 자료 소유권의 정당성은 논쟁의 여지가 있는 부분입니다. 브라헤 사후에 케플러는 유족들보다 먼저 재빠르게 자료를 가져갔고, 후에 소송에서 소유권을 인정받긴 했지만 스스로도 자료 습득 과정에 비도덕적인 부분이 있음을 인정했습니다.

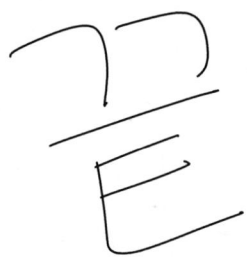

케플러가 살던 시대에는 천문학과 점성술의 경계가 분명하지 않았으나, 천문학(자유 인문의 범위 내에 있는 수학의 한 가지)과 물리학(자연철학의 한 가지) 사이에는 확고한 경계가 있었다. 그는 신이 '이성의 자연적인 빛'을 통해 알 수 있는 지적 계획에 따라 세상을 창조했다는 신념에 차 있었으며, 이러한 종교적 신념에 의거하여 자신의 저술 속에 종교적 논쟁과 과학적 추론을 융합시켰다. 케플러는 천문학을 보편적 수리물리학의 한 갈래로 인식함으로써 고대의 물리학적 우주론의 전통을 바꾸었고 자신의 새로운 천문학을 이른바 "천체 물리학", "아리스토텔레스의 『형이상학』으로의 여행", "아리스토텔레스의 『천체에 관하여』의 보충"이라고 묘사했다.

<u>덤</u> 브라헤는 애완용으로 훈련된 순록을 키웠는데,

어느 날 파티에 따라가서 맥주를 잔뜩 마시고는
. . .

계단에서 굴러 죽었다고 한다.

아공덕
표정ㅋㅋㅋㅋㅋㅋㅋ
ㅋㅋㅋㅋㅋㅋㅋ

그 펫에 그 주인이다.

해피야… ㅠㅠ

J******* C***

교훈; 오줌을 참지 말자에 이어
맥주를 마시지 말자

그래도 분량이 | 브라헤는 한 파티장에서 수학자
짧아서 또 덤 | 파르스베로와 수학을 논하다가…

이분_최소_파티광

결투를 하고 코를 잃는다.

그 후 그는 금과 은으로 만든 코를 붙이고
다녔다고 한다.

한**
코가 놋쇠로 됐다는
얘기도 있던뎅..ㅎㅎ

아공만
기록에 따르면 금과 은으로 만든 코를 달았다고 하는데, 2012년 그의 코 뼈에 묻은 금속을 채취하여 연구한 한 과학자에 따르면 놋쇠였다고 합니다. 브라헤는 허언증이었던 걸까요...

교훈
... 수학이 이렇게 위험합니다?

나도 이제
뭐가 뭔지 모르겠다…

분명 주인공은
케플러였는데
정신 차리고 보니
브라헤만 그렸다.

아니 사실 그냥 내가
뭘 그린지도 모르겠어…

진짜
끝

그룹채팅(야밤의 공대생 만화, 요하네스 케플러)

 야밤의 공대생 만화
케플러의 법칙을 발견하신 케플러 님을 모셨습니다.

요하네스 케플러
안녕하세요, 케플러입니다.

 야밤의 공대생 만화
행성들의 움직임을 오랫동안 연구하셔서 마침내 케플러의 법칙을 발견하셨는데요,
행성들의 움직임을 연구하게 된 계기가 뭡니까?

요하네스 케플러
저는 독실한 기독교 신자입니다. 하느님이 아주 아름답고 완벽하게 행성들을 설계했다고 믿고 있고, 그 행성들의 움직임을 분석하면 주님의 뜻에 한 걸음 더 가까이 다가갈 수 있다고 믿었습니다.

그래서 행성들의 움직임을 연구하기 시작했죠. 주님이 설계하셨으니 분명 아름다운 규칙성이 있을 것이라고 굳게 믿었습니다.

 야밤의 공대생 만화
그래서 연구해보니 아름다운 규칙성이 있던가요?

요하네스 케플러
처음에는 다양한 정다각형들과 그것들에 외접하는 원들로 행성의 궤도가 결정된다고 생각했습니다.

 야밤의 공대생 만화
오…… 정다각형이라니 멋지네요.
그래서 맞던가요?

요하네스 케플러
아뇨, 연구해보니 그건 아니더군요.

 야밤의 공대생 만화
세상이 그리 단순하지 않나 보군요.

요하네스 케플러
그래도 저는 포기하지 않았습니다. 다음에는 정다면체들과 그에 외접하는 구들로 행성의 궤도가 결정된다고 믿었죠.

 야밤의 공대생 만화
……그것도 왠지 아닐 것 같은데요.

요하네스 케플러
네, 연구해보니까 그것도 아니더군요.

야밤의 공대생 만화
(……이 사람 그냥 막 찍는 것처럼 보이는데……?)

 요하네스 케플러
저는 고민했습니다. 정다각형도 정다면체도 아니라니, 주님이 만드셨다면 분명 기하학적으로 아름다운 모양일 텐데……

 야밤의 공대생 만화
……주님이 기하학을 별로 안 좋아하셨을 수도 있지 않았을까요?

 요하네스 케플러
그 뒤로 저는 정다각형이나 정다면체는 버리고, 음악에 관심을 돌렸습니다. 행성 간의 비율에는 음악적 조화가 숨어 있을 것이라고 생각했죠.

 야밤의 공대생 만화
(……주님이 음악도 별로 안 좋아하셨을 수 있지 않을까)

 요하네스 케플러
불행히도 그것도 답이 아니었더군요. 결국 그런 식으로 이런저런 연구를 하다가 케플러의 3가지 법칙을 발견하게 됐습니다.

 야밤의 공대생 만화
그래서 그 3가지 법칙이 뭐죠?

 요하네스 케플러
네. 행성들은 태양을 초점으로 하는 타원궤도를 돈다는 것, 태양에서 행성까지 직선으로 이으면 행성이 움직이며 같은 시간 동안 직선이 쓸고 가는 면적이 일정하다는 것, 그리고 행성의 공전주기의 제곱은 궤도의 긴 반지름의 세제곱과 비례한다는……

 야밤의 공대생 만화
뭐야 결국 하나도 기하학적이지도 음악적이지도 않잖아!!!

 요하네스 케플러
그래도 수학적으로 깔끔하잖아요? 저는 이것이 주님의 뜻이라고 봅니다.

 야밤의 공대생 만화
결국 주님이 좋아하는 것은 수학이었나……

〈최단강하곡선을 찾아라〉

A에서 물체를 미끄러뜨렸을 때 가장 빨리 B에 도달하려면 경로는 어떤 형태여야 할까?

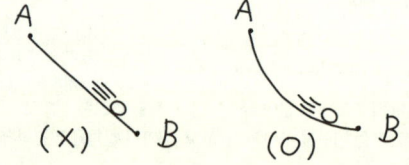

답은 '사이클로이드'라는 형태의 곡선이다.

*사이클로이드가 뭔지 모르시는 분은 가까운 이과생에게 문의하세요.

박**
지나가는 스피드웨건
사이클로이드: 원에서 임의로 한 점을 잡고 원을 한 바퀴 굴렸을 때 임의로 잡았던 한 점이 움직인 자취

이 문제를 처음 고민한 것은 갈릴레오 갈릴레이였으나, 그는 잘못된 결론을 내린다.

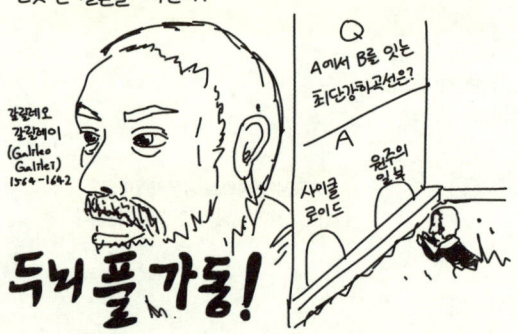

갈릴레오 갈릴레이
(Galileo Galilei)
1564-1642

Q
A에서 B를 잇는 최단강하곡선?
사이클로이드
원주의 일부

두뇌풀가동!

이**
그놈의 채연짤ㅋㅋ
ㅋㅋㅋㅋㅋㅋㅋㅋ

이 문제를 최초로 풀어낸 것은 오늘의 주인공, 요한 베르누이다.

그는 이 문제를 최단강하곡선(Brachistochrone)이라 명명하고, 전 세계 수학자들에게 도전장을 내민다.

그가 제시한 시간은 6개월이였는데, 그 기간동안 정답을 맞힌 것은 미적분의 아버지 라이프니츠 뿐이였다.

이에 더욱 자존감이 올라간 요한, 기간을 늘리며 광역 도발을 시전한다.

"(이 문제를 푸는 사람은) 명예와 칭송, 찬양을 모두 받을 고귀한 피를 가진 사람…"

내 얘기야ㅋ

셀프_찬양.txt

특히 이런 도발은 당시 사이가 나빴던 친형 야코프 베르누이를 향한 것이었는데…

야코프 베르누이
(Jacob Bernoulli)
1654-1705
베르누이 수, 큰수의 법칙 등

- 니가 이걸 맞힐 확률은 겁나 요만큼이야

기대와는 달리 야코프도 문제를 푸는 데 성공한다.

이게 아닌디?!
옛다

심지어 알고 보니 요한의 풀이는 틀린 부분이 있었다.

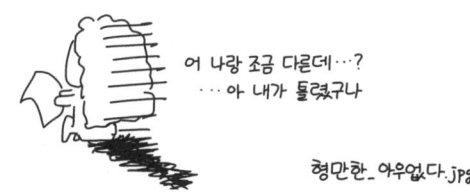

세 번째로 성공한 사람은 고교 이과생들에게 너무나 고마운 '로피탈의 정리'의 로피탈이었다.

권혁수
물 같은 걸 끼얹나ㅋㅋㅋ
ㅋㅋㅋㅋㅋ

근데 요한은 로피탈을 별로 안 좋아했다.

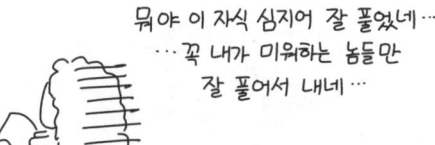

상처뿐인(?) 수학대회의 대미를 장식한 것은 우리 모두가 아는 수학자 뉴턴이다. 요한은 뉴턴을 참가시키기 위해 추가적인 도발까지 감행하는데…

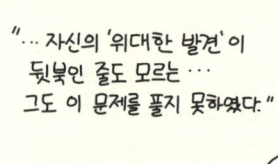

"… 자신의 '위대한 발견'이 뒷북인 줄도 모르는… 그도 이 문제를 풀지 못하였다."

＊미적분을 뉴턴이 아닌 라이프니츠가 먼저 발견하였다는 의미로, 이는 당시 민감한 문제였다.

쳐웃지 마 니 얘기야

뉴턴은 당시 수학계를 떠나 화폐 만드는 일을 하고 있었지만, 퇴근길에 다소 공격적인 이 도전장(?)을 받고는…

아이작 뉴턴
(Isaac Newton)
1643 - 1727
수학 천재 겸
과학 천재

하룻저녁 만에 풀어서 다음 날 출근길에 풀이를 보낸다.
(명불허전 갓뉴턴…)

스위스 애들 귀엽게 노네 ㅋ

참고로 요한은 2주가 걸렸다.

윤＊＊
뉴턴갓…

정영훈
편지가 식기 전에
문제를 풀고 오겠소

김＊＊
찬양해 뉴턴갓…

심지어 뉴턴은 풀이를 익명으로 보냈는데, 풀이를 받아본 요한은 이렇게 말했다 전해진다.

"발톱 자국만 보아도 사자임을 알겠다."

이렇게 최단강하곡선을 둘러싼 해프닝도 막을 내린다.

오늘의 교훈 (복습)
: 머리 좋다고 깝치지 말자.
세상에 천재 많다.

끝.

뒷 이야기 | 동생의 건방진 도전에 화가 난 야코프, 최단강하곡선을 응용한 더 어려운 문제를 만든다.

이 두 형제의 피 튀기는 싸움은 훗날 변분법 (Calculus of Variation)이라는 학문의 토대가 된다.

Jeon Doh

고래 싸움에
새우 등 터지고...
수학 천재들 싸움에
후대의 학생들
공부할 게 늘고...

오늘의 교훈 2
: 천재들끼리는 집안 싸움
하다가도 학문을 만든다.

저는 그냥 똥만 만듭니다…네…

진짜

끝.

1658년에 블레즈 파스칼은 신학을 위해 수학을 포기했다. 하지만 치통에 시달리면서 사이클로이드에 관한 몇 가지 문제를 고려하기 시작했다. 그의 치통은 사라졌고, 그는 이걸 자신의 연구를 진행하라는 하늘의 계시로 여겼다. 8일 후 그는 그의 논문을 완성했다. 1686년에 라이프니츠는 단 하나의 방정식으로 곡선을 설명하기 위해서 분석적인/분해의 기하학을 사용했다. 1696년에는 요한 베르누이가 사이클로이드의 의문을 풀어주는 최속 강하선 증명을 사용했다.

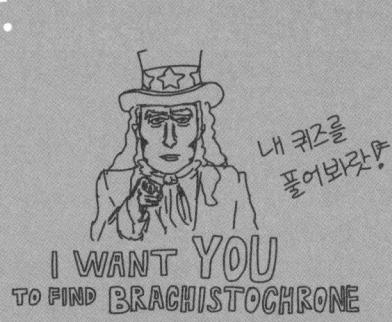

문) 요한은 왜 로피탈을 싫어하는가?
로피탈은 요한에게 연 300프랑을 주고 과외를 받는
학생이었는데, 계약 내용은 이러했다.

이 계약의 결과 로피탈은 요한의 수많은 수학적
발견을 자신의 이름으로 출판하게 된다.
(로피탈의 정리도 요한이 발견한 것)

오늘의 교훈 3
: 도장 찍기 전에
  약관 꼭 읽자

*참고로 로피탈은 자식도 있고 돈도
 있습니다. 오해 없으시길 바랍니다.

진짜 진짜
끝

그룹채팅(야밤의 공대생 만화, 요한 베르누이, 야코프 베르누이)

 야밤의 공대생 만화
안녕하세요, 요한 베르누이 선생님.

요한 베르누이
안녕하세요, 베르누이입니다.

 야밤의 공대생 만화
사이클로이드라는 곡선이 나왔는데요, 사이클로이드가 정확히 뭔가요?

요한 베르누이
사이클로이드를 만드는 방법은 간단합니다. 바퀴의 어느 한 끝에 점을 찍고 바퀴를 한 바퀴 굴리면 바퀴가 앞으로 이동하면서 점이 호빵처럼 생긴 궤적을 만드는데요, 그게 사이클로이드입니다.

 야밤의 공대생 만화
이렇게 말이죠?

요한 베르누이
네, 정확합니다. 신기한 것은 만화에서 나왔듯이 이 사이클로이드가 최단강하곡선이란 점입니다.

높이 차이가 있는 어떤 두 지점을 잇는 임의의 모양의 미끄럼틀 같은 게 있다고 했을 때, 위에 있는 지점에서 아래에 있는 지점까지 가장 빨리 미끄러져 내려가려면 미끄럼틀은 사이클로이드 모양이어야 합니다.

 야밤의 공대생 만화
직선이 제일 이동거리가 짧으니까 직선이 제일 빠를 것 같은데, 신기하네요.

요한 베르누이
그러니까 제가 쩌는 것 아니겠습니까?

 야밤의 공대생 만화
뉴턴 님이 하루 만에 푸신 걸 2주 걸려서 푸시긴 했지만 확실히 대단하긴 하시네요.

요한 베르누이
맞을래요?

 야밤의 공대생 만화
죄송합니다. 계속하시죠.

요한 베르누이

> ……그뿐 아니라 사이클로이드는 등시곡선이기도 합니다. 사이클로이드를 그릇처럼 뒤집어 놓으면 곡선의 어느 부분에 물체를 가져다 놓아도 물체가 미끄러져서 최하점에 도달하는 시간이 같습니다.

야밤의 공대생 만화

> ??? 물체를 최하점에서 멀리 두든 가까이 두든 상관없어요?

요한 베르누이

> 예. 멀리 두면 경사가 심하니까 속도가 빨라지고, 최하점 가까이서 시작하면 경사가 거의 없으니까 속도가 엄청 느려서 결국 도달하는 시간이 똑같아요.

야밤의 공대생 만화

> 와 진짜 신기하네요. 진짜 천재신 듯

요한 베르누이

> 이런 멋진 특성들 덕분에 사이클로이드를 연구하는 것은 굉장히 재미있어요. 우리 수학자들은 사이클로이드를 '기하학의 헬렌(Helen of geometry)'이라고 불러요.

> 인간이 낳은 여자 중 가장 아름다웠고, 그 아름다움 때문에 트로이 전쟁까지 일어났다는 제우스의 딸 헬레네를 빗댄 말이죠.

야밤의 공대생 만화

> 진짜 여러분도 사이클로이드 때문에 한판 벌이신 것까지 헬레네를 쏙 빼 닮았네요!

인류 역사상 가장 위대한 학자로 꼽히는 아이작 뉴턴

< 주요 업적 >
· 고전역학의 근간 확립
· 광학의 근간 확립
· 미적분학의 근간 확립
⋮

아이작 뉴턴
(Isaac Newton)
1643-1727

C*** K**
고등학교때 애들이
총으로 쏘고 싶어 하는
사람 중 1명입니다 ㅋㅋㅋ

미적분학의 기초를 다지고 이진수, 기계식 계산기 등의 발전에 공헌한 라이프니츠

우째 나는 설명이
대충인 것 같다…

고트프리트 빌헬름 라이프니츠
(Gottfried Wilhelm Leibniz)
1646-1716

이 둘은 독자적으로 '미적분학'이라는 학문을 거의 동시에 만들었다.

뉴턴의 미적분
$\dot{f}(x)$ $\ddot{f}(x)$

라이프니츠의 미적분
$\frac{d}{dx}f(x)$ $\int f(x)dx$

참고로 $f'(x)$ 요건
라그랑주가 만들었다.

박**
헐 공수에서
위에 점 찍는 이유!!
역학은 뉴턴식으로
미분한 거였나봐

김**
점의 의미를 알았다!!
동역학 죽일 것

그리고 누가 원조인지를 둘러싼 세기의 '키보드 배틀'이 시작된다.

Y******** A**
ㅋㅋㅋㅋㅋㅋㅋ 정말 적절하고 적절한 그림이네요!

〈미적분의 아버지는 누구인가?〉

역사적으로 미적분을 먼저 발명한 것은 뉴턴이다. 그는 1665년 경에 미적분을 만든다.

내가 원조 맞다니까…

※ 뉴턴이 1643년생임을 기억하자 (당시 23세). 저 나이 때 난 뭐했지…

김**
뭐하기는요. 군에서 땅 팠죠.

그러나 학계에 자신의 성과를 공개하기를 꺼리는
극도의 소심한 성격 탓에 이를 출판하지 않는다.

그래서 이를 알지 못한 채 라이프니츠는 독자적으로
1673~1676년경에 미적분을 발명한다.

처음에는, 뉴턴과 라이프니츠 모두 상당히 쿨하게 서로를
인정했다.

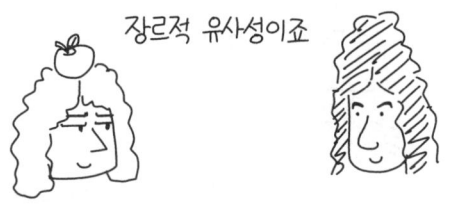

그런데 제 3자인 영국인 수학자 존 월리스가 뜬금없이 시비를 걸었다. 지독한 영국인 우월주의자였던 그는 독일인 (라이프니츠)이 뉴턴의 업적을 나눠 갖는(?) 것을 참을 수 없었다.

A* J****
ㅋㅋㅋㅋ 호머 ㅋㅋㅋ

Gayeong Kim
그지 깽깽이들아!

이전에 다룬 최단강하곡선을 구하는 퀴즈대회도 싸움에 불을 지폈다.

라이프니츠는 최단강하곡선 문제에 대해 이런 (쓸데없는) 리스트를 공개했는데…

이**
??? ㅋㅋㅋㅋㅋㅋ

리스트에 포함되지 못한 자들을 적으로 돌리게 되었다.

이런 이유들로 라이프니츠는 표절범으로 몰리기 시작한다. 그래도 초기에는 그는 신사적으로 대처했다.

그러나 인내심에는 한계가 있는 법, 라이프니츠는 결국 폭발하고,

익명의 키보드 워리어로 돌변해 뉴턴을 공격하기 시작한다.

"뉴턴이 라이프니츠의 미적분을 이용하는 것은 마치 카발리에리의 방법론을 이용하는 파브리와 같다."

↑ 익명으로 쓴 논평의 일부

타탁 타타탁

*파브리는 카발리에리보다 늦게 비슷한 연구를 하였다. 뉴턴이 자기 따라 했다는 뜻

제 3자 위주로 돌아가던 싸움에 직접 참전한 것이다.

드루와 드루와

드디어 뉴턴도 화가 났다.

한**
2위는 가치가 없다니...
2위는 가치가 없다니...

신동주
좋아요 두 개를 만들기 위해
좋아요를 누르지 않겠습니다

차**
아 눌렀다가 댓글 때문에 취소함
아 눌렀다가 댓글 때문에 취소함

"2위는 가치가 없다."

"라이프니츠는 표절 성향이 있는 사람이다."

?!

안 닮아서 죄송합니다…

그리고 진흙탕 싸움이 시작된다.

"라이프니츠는 표절 성향이 있는 사람"
　　　　　　　　　　－뉴턴

"뉴턴의 수학적 오류는 역겹다."
　　　　　　　－라이프니츠

라이프니츠는 싸움을 중재해주기를 런던 왕립 학회(Royal Society)에 요청하지만,

이 자식이 제 연구를 훔쳐갔어요!! 잡아서 혼쭐을 내주세요!!

런던 왕립학회의 의장이 뉴턴이었다. (도와줄 리가…)

안 돼. 안 도와줘. 그럴 생각 없어. 빨리 돌아가.

단호박

저기… 의장님이 왠지 낯이 익은데…?

Jeon Doh

예나 지금이나
빅네임 교수들
잘못 건들면
0 되는 이유

A* J****

ㅋㅋㅋㅋㅋ
안돼 안 바꿔줘

이제 이것은 더 이상 진실 공방이 아니었다. 영국과 나머지 유럽의 자존심 싸움이었으며, 서로가 서로를 비난하고 음해하는 개싸움이 100년 넘게 계속된다.

그리고 이 일을 계기로 영국은 나머지 유럽대륙 국가들과 서로 100년이 넘도록 수학적 교류를 하지 않는다.

결과적으로 영국의 수학은 대륙에 비해 뒤처지게 된다.
[...]

C*** K**

ㅋㅋㅋㅋㅋ 여러분 단절이
이렇게 무서운 겁니다 ㅋㅋㅋ

오늘의 교훈:
좋은 아이디어가
떠오르면 꼭
출판을 하자

신동주
출판 축하드립니다!

D***** K**
소원 성취 축하드립니다

조**
이 페이지는 성지군요! ㅋㅋㅋ

끝

박**
똑바로 서라 핫산.
왜 넘이 없는 에피소드가 있지?

김준호
그려라 핫산!!!

뉴턴이 공간을 절대적으로 생각했던 반면에, 라이프니츠는 공간을 상대적이라고 생각하고 운동 에너지와 위치 에너지를 기반으로 하여 운동에 관한 새로운 이론(동역학)을 고안했다.
라이프니츠는 뉴턴과의 논쟁에서 공간, 시간과 물체의 운동이 절대적이지 않고 상대적이라고 말함으로써 아인슈타인의 이론을 예견했다. 라이프니츠의 충족 이유율은 오늘날 우주론에서 인용되고 있고, 동일성 원리는 양자역학에서 인용된다. 오늘날 우주론의 한 갈래인 디지털 철학 옹호자들은 라이프니츠를 선구자로 여긴다.

드루와 드루와

덤1 아까 나온 수학자 존 월리스

존 월리스
(John Wallis)
1616-1703

← 이 사람

이 사람이 무한대 기호(∞)를 만들었다.

나도 개쩌는 수학잔데
이딴 식으로 엑스트라로
나오다니…

덤2 아까 나온 수학자 뒬리에

← 이 사람

작가 주: 이 덤은 출판하면서 추가한 것입니다.

그는 최초로 주얼 베어링 (시계에 루비 등의 보석을 베어링으로 쓰는 것)을 개발해 특허를 냈다.

뉴턴도 반한 시계! ←실제로 광고에 뉴턴을 썼음

역시 특허가 짱이다 (?)

진짜 끝!

그룹채팅 (야밤의 공대생 만화, 아이작 뉴턴, 고트프리트 라이프니츠)

 야밤의 공대생 만화
오늘은 위대한 수학자 두 분, 뉴턴 님과 라이프니츠 님을 모셨습니다.

두 분은 미분과 적분이라는 위대한 수학적 방법론을 개발하셨는데요,

아이작 뉴턴
아뇨, 제가 한 거고 이놈은 따라 한 거죠.

고트프리트 라이프니츠
아니, 제가 한 게 좋아 보이니까 이분은 예전에 비슷한 거 했던 걸 가지고 자기가 먼저 했다고 우기시는 겁니다.

 야밤의 공대생 만화
자, 자. 싸우지들 마시고요.
차근차근 이야기를 들어보죠.

아이작 뉴턴
만화에 나왔듯이 제가 미적분을 연구한 게 1665년경입니다. 라이프니츠는 1673년에 런던에 와서 영국 수학을 많이 배워 갔어요. 또한 편지를 통해서도 지속적으로 영국 수학을 배운 흔적이 있는데, 이 중에서는 1672년에 제 미분에 관한 내용이 적힌 편지도 있었던 게 확인됐습니다.

이게 표절의 증거가 아니고 뭡니까?

 야밤의 공대생 만화
라이프니츠 님이 미적분을 발표하기 전에 뉴턴 님의 미적분에 관한 편지를 봤단 말이죠?

고트프리트 라이프니츠
천만의 말씀입니다. 제가 뉴턴의 미분에 관한 내용이 적힌 편지를 1672년에 받았다고 하시는데, 사실과 다릅니다. 그 편지가 1672년에 부쳐진 것은 맞지만 제대로 배달되지 않았고, 1676년에야 제게 도착했습니다.
이미 제가 미적분을 완성한 뒤였죠.

 **야밤의 공대생 만화**
말하자면 배달 사고가 있었던 셈이군요.
이거 누구 말이 맞는지 확인하기가 쉽지 않은데요?

고트프리트 라이프니츠
오히려 표절범은 뉴턴 쪽입니다. 뉴턴은 예전에 어쩌다가 미적분 비슷한 걸 만들긴 했지만 그 중요성을 몰랐습니다. 그래서 자기 책에 제대로 소개도 하지 않았죠.

미적분에 관한 제 논문을 본 뉴턴은 그제야 미적분이 세상을 바꿀 위대한 학문인 것을 깨닫고, 자기가 만들어놓고 중요성도 몰랐던 그 미적분 비슷한 것을 다시 들고 와서 제가 자기를 표절했다고 하는 겁니다.

야밤의 공대생 만화
이 이야기도 그럴싸하네요.

아이작 뉴턴
저놈 말 들을 필요 없습니다. 라이프니츠 놈은 이전에도 몇 번의 표절 시비에 휘말린 적이 있습니다. 아주 그냥 뼛속부터 표절범이라는 이야기죠.

 야밤의 공대생 만화
(……갑자기 분위기가 험악해지는데……)

아이작 뉴턴
그뿐 아니라 저놈은 익명으로 저를 비난하고 자신을 찬양하는 글을 써서 기고했죠. 인성이 아주 못된 놈입니다.

 야밤의 공대생 만화
악플러세요?

고트프리트 라이프니츠
그러는 저놈도 나을 거 없습니다. 의장 자리를 이용해서 다른 학자들을 시켜서 저를 공격하는 글을 쓰게 만들었죠.

 야밤의 공대생 만화
갑질 쩌시네요.

고트프리트 라이프니츠
심지어 만화 중간에 뒬리에라는 수학자가 뉴턴 편을 들었다고 했죠? 그 사람은 뉴턴이랑 너무 친해서 일부에서는 둘이 연인이 아니었냐는 말이 나올 정도입니다. 완전 공과 사 구분 못하고 편 들어주기 아닙니까?

아이작 뉴턴
그러는 너는 요한 베르누이랑 안 친했냐?

 야밤의 공대생 만화
(……그냥 집에 가고 싶다……)

전기의 종류에는 크게 직류(DC)와 교류(AC)가 있다.

＊위 이미지는 오늘의 내용과 별건 관계가 없습니다.

김**
ㅋㅋㅋ 이 분
뭘 좀 아시네

김**
thunderstruck!

김**
Cause I'm T.N.T.!

전구의 발명으로 집집마다 전기가 필요해진 1800년대 말 미국. 여러 전기 회사들이 생겨나는데…

"우리집은 전기 나온다~"

"엄마! 우리 집은?"

한**
이거 정수기 광고였나
ㅋㅋㅋ패러디 풍년

한병훈
얼음 정수기
초창기 광고
ㅋㅋㅋㅋㅋㅋ

오**
안녕하세여
얼음 본주입니다*

발명왕 에디슨을 필두로 한 직류파와

안전한 직류!
안정적인 직류!
우리 동네 전기는 직류입니다!

기호 **가** 발명왕 에디슨

*작가 주: 실제 정수기광고 모델 분이 댓글을 다셨습니다

우*
테슬라가 이김(스포)

윤성현
오오 테슬라

니콜라 테슬라와 웨스팅하우스 등으로 이루어진 교류파.

싸다!!
멀리 간다!!
시골 마을 구석구석까지
교류가 밝혀드립니다.

기호 나 테슬라 괴짜+천재

전력 시장 장악을 위한 둘의 박 터지는 전쟁이 시작된다.

〈전류 전쟁〉

*직류: 전기가 흐르는 방향이 일정함
*교류: 전기가 흐르는 방향이 바뀜

처음 전구 시장에 뛰어든 것은 교류파였다.

그러나 그들의 조명은 가정집에서 쓰기에는 너무 밝았다.

그래서 초기에는 에디슨과 직류파가 시장을 장악했다.

그때 교류 진영에 혜성처럼 나타난 회사
웨스팅하우스

성*
에디슨이 이 기업과
사람을 싫어합니다. (스포)

웨스팅하우스는 여러 발명가들을 모아 효율적인
교류 시스템을 구축하기 시작한다.

(참고로 테슬라는 원래 에디슨의 직원이었으나 돈 문제로
교류파로 넘어갔다)

김**
에디슨 인성은
쓰레기였음

정규남
진짜 거품
제일 많이 낀 위인

C*** K**
그렇다고 에디슨
안 위대한 건
아닙니다 오해 ㄴㄴ

위기감을 느낀 에디슨, 브라운이라는 전기공학자를 매수해,

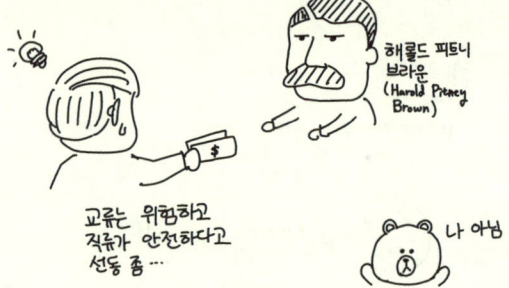

김하루
브라운짜응

김**
브라운만 믿으라구!

대대적인 웨스팅하우스 안티 활동을 벌인다.

정충부
ㅋㅋㅋㅋㅋㅋㅋ

진**
익숙한데?

브라운은 길에서 동물들을 교류 전기로 죽이는 퍼포먼스(?)를 행하는 등 다양하고 저졸한 네거티브를 행하는데,

길**
브라운 피카츄설

김**
코끼리 죽이는 사진이 제일 유명하죠 아마??

야공만

교수형 대신 새로운 사형 방법을 묻는 공무원의 질문에 에디슨은 교류 전봇대 수리공으로 취직시키면 된다고 대답했다고 합니다...

그중 최고는 교류를 이용한 전기의자를 만든 것이었다.

그런데 대망의 (?) 전기의자를 사용한 첫 사형식은

처참히 실패한다.

이 일로 브라운은 신용을 잃었고, (실제로 종종 조작을 일삼았음) 에디슨과의 부정한 관계도 들키게 된다.

박**
양촌리ㅋㅋㅋ

그리고 끝까지 직류를 고집하던 에디슨은…

결국 짤린다. (회사도 합병당함)

조**
이래서 GE가
잘나가는구나…

이렇게 전쟁은 교류 측의 승리로 끝이 난다.

HAPPY ENDING~

오늘의 교훈:
남 깎아내릴 시간에
지가 잘할 생각을 하자.

오 오늘은 진짜 뭔가 교훈 같다-

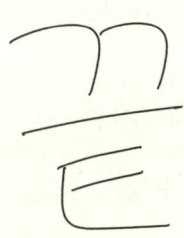

덤) 이후 에디슨은 주식을 몽땅 팔고 그 돈으로 광업을 시작하는데…

노다지로 인생 역전하겠어!

폭망한다.

아니 이건 본문이랑 상관도 없는 덤은 왜 그런 건데…

성*
원래 여기 덤은 항상 상관없었는데 뭐..

J******* C***
에디슨은 왜 위인전이 있었고 테슬라는 자동차 회사로 유명해지기 전까진 게임에서나 겨우 들어보게 된 걸까

나도 마지막은

왜 그랬는지

모르겠다…

…그러니 착하게 살자고…?

진짜 끝

그룹채팅(야밤의 공대생 만화, 토머스 에디슨, 니콜라 테슬라)

 야밤의 공대생 만화
안녕하세요, 선생님들.

만화에서 직류, 교류 이런 이야기가 나오던데 직류, 교류가 정확히 뭐죠?

토머스 에디슨
전기가 플러스극에서 마이너스극으로 흐르는 거 아시죠? 배터리 같은 거 보면 튀어나온 부분이 플러스고 안 튀어나온 부분이 마이너스잖아요. 둘을 전선으로 이으면 전기가 흐르고.

니콜라 테슬라
그게 배터리처럼 플러스-마이너스 위치가 안 바뀌고 일정하면 전기가 한 방향으로만 잘 흐르는데, 그걸 직류라고 하고요. 플러스-마이너스 위치가 계속 바뀌면 전기가 이쪽으로 흐르다가 저쪽으로 흐르다가 하는데, 그게 교류입니다.

요새 쓰는 220볼트 같은 게 다 교류입니다.
만화에서 봤다시피 교류파가 직류파를 이겼거든요.

 야밤의 공대생 만화
전기가 이쪽으로 흐르다 저쪽으로 흐르다 하면 정신 사납지 않나요?

토머스 에디슨
그러니까 말입니다 직류가 짱짱입니다.

니콜라 테슬라
근데 교류는 전기를 발전소에서 집까지 보낼 때 손실이 적어요. 그래서 발전소에서 멀리 떨어진 곳까지 전기를 공급할 수 있죠.

 야밤의 공대생 만화
엥 어떻게 그렇죠?

니콜라 테슬라
교류를 이용할 경우 고압 송전을 쉽게 할 수 있거든요. 발전소에서 엄청 높은 전압으로 전기를 보낸 다음 가정집에서 사용하기 직전에 220볼트로 낮추는 기술이에요. 이렇게 하면 왜 효율이 좋은지는 분량 관계상 여기서 설명할 수 없는데, 중고등학교 과학 시간에 배울 수 있습니다.

근데 직류는 이게 안 돼요. 그래서 송전 효율이 안 좋기 때문에 발전소에서 먼 곳까지 전기를 보내기 힘들죠.

 야밤의 공대생 만화
오호, 갑자기 교류가 좋게 들리는데요.

토머스 에디슨

아니 근데 고압 송전이라니, 이름만 딱 들어도 위험하다는 걸 알겠죠?? 고압선에 닿기만 하면 그냥 통구이가 됩니다. 전봇대 고치시는 분들이 이것 때문에 몇 명이나 돌아가셨는지……

저는 그분들의 소중한 생명을 생각해 직류를 써야 한다고 주장했는데……

 야밤의 공대생 만화

그것도 일리가 있는 말이군요.

니콜라 테슬라

그렇게 생명을 소중히 하시는 분이 전기의자를 발명하셨나요?

토머스 에디슨

갑자기 그 얘기가 왜 나오냐?

 야밤의 공대생 만화

……

니콜라 테슬라

직류는 멀리까지 전기를 보내지도 못해서 발전소 근처에 살아야 합니다. 에디슨 너는 영월 화력 발전소 근처에 살면서 감자나 먹어라.

 야밤의 공대생 만화

아니…… 영월 분들께 제가 대신 죄송합니다.

토머스 에디슨

뭐래 이 배신자 놈, 어머니 안녕하시냐?

니콜라 테슬라

악덕 사장아 약속한 돈 입금이나 해라

 야밤의 공대생 만화

자, 자. 싸우지들 마시고요.

토머스 에디슨

농담이었다고. 어메리칸 조크를 못 알아 듣네 선비놈이.

니콜라 테슬라

월급으로 장난질이여 이게? 최저임금도 가위바위보로 정할 놈이네.

 야밤의 공대생 만화

(……요새 인터뷰가 계속 왜 이러지……)

20세기 중반, 생명의 비밀을 담은 DNA의 구조를 밝히기 위한 레이스가 펼쳐졌다.

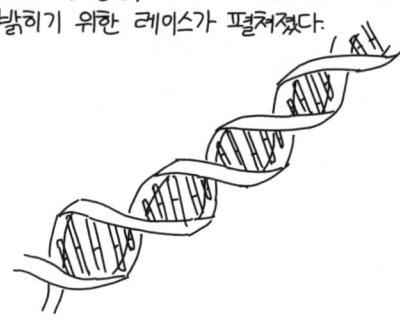

유일하게 '단독으로' 노벨상을 두 번 수상한 천재, 라이너스 폴링,

라이너스 폴링
(Linus Pauling)
1901 - 1994
노벨 화학상 (1954)
노벨 평화상 (1962)

노벨상 받기가 어렵나요?

(마리 퀴리 등은 공동 수상이었음)

X-선 회절 사진의 1인자 로절린드 프랭클린,

로절린드 프랭클린
(Rosalind Franklin)
1920 - 1958
사진전문가

DNA 사진을 제대로 찍을 수 있는 건 나뿐이라능...

임**
헐 남자인 줄 알았는데 여자였네요

야공만
그림 못 그려서 죄송합니다...

그리고 두 명의 꼬꼬마 둥등이 경쟁을 벌이게 되는데…

제임스 왓슨
(James Watson)
1928-
박사 딴지 1년 됨

프랜시스 크릭
(Francis Crick)
1916-2004
박사 학위도 없음

과연 최후에 웃는 자는 누가 될 것인가?

⟨DNA의 비밀을 밝혀라⟩

#1. 먼저 노벨상을 2개나 받은 라이너스 폴링

DNA의 구조를 밝히는 데는 선명한 X-선 회절 사진이 필요했다.

아까 말했듯이 이 분야의 최고는 영국의 프랭클린이었기에, 폴링은 그녀의 연구를 보러 영국으로 향하는데…

난데없이 공산주의자라는 오명을 쓰고 출국 금지를 당한다.

이**
늙은이는 안 된다는 건가

김**
와 부끄럽다

유**
패스면 올 패스인데...

문**
짠에서 나오는 바이브가 있을 거에요

결국 그는 사진 없이 연구를 해야만 했고, 잘못된 결론에 도달하고 만다.

#2. 모두가 탐내던 X-선 회절 사진의 대가 로절린드 프랭클린

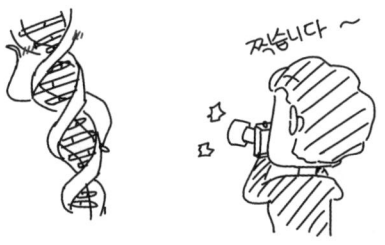

*X-선 회절 사진은 이렇게 찍지 않습니다.

이**
완전 요염해 ㅋㅋㅋㅋㅋㅋ

그녀는 훌륭한 실험을 바탕으로 정답에 가까이 다가간다.

그러나 차갑고 직설적인 성격 탓에 동료 과학자 윌킨스와 심한 마찰이 생기는데,

그 마찰이 예상치 못한 결과를 불러왔으니…

#3. 프랭클린과 사이가 나빠진 윌킨스

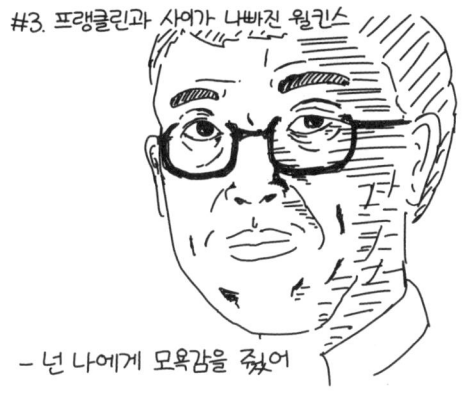

- 넌 나에게 모욕감을 줬어

그는 때마침 접근해온 왓슨과 크릭에게 프랭클린의 연구자료를 멋대로 제공하고 만다.

송**
찌질하다... 으

*윌킨스는 공동 저자를 제안받지만 그건 거절한다.

그를 토대로 왓슨과 크릭은 재빠르게 논문을 완성하고,

이렇게 DNA의 구조를 밝힌 세 사람(?)은 나란히 노벨상을 받는다.

인생이
　　때로는
　　　　이렇습니다.

김**
너무 무책임하면서
사실인 말...

끝

| 폴링의 뒷이야기 | 폴링은 말년에 비타민 C에 엄청나게 꽂히게 된다.

손**
춤선 보소

그는 비타민 C를 많이 먹으면 암도 고칠 수 있다고 믿고 이에 관한 연구에 여생을 바쳤는데…

김**
오줌 노랄 듯

정작 자신도 암으로 사망하였다.

*폴링이 주장한 비타민 C 과복용의 효능은 전혀 검증된 바 없습니다.

한병훈
…이 사람 노벨상은 어떻게 탄 거야

비타민 C는 권장량만 먹읍시다.

프랭클린의 뒷이야기
왓슨과 크릭은 오랫동안 프랭클린의 연구를 무단도용한 사실을 인정하지 않았다.

안 베꼈는데요
장르적 유사성인데요

님들도 연설문 쓸 때
친구한테 물어볼 때 있잖아요 (?)

고**
(작성자의 온기가
남아 있는 그림입니다)

당시에는 학계에 남성우월주의가 만연했던 시대이기도 했던지라…

여자가 과학을 하면 소는 누가 키워?!

프랭클린이 죽고 10년이 지나서야 왓슨은 그녀의 업적을 마지못해(?) 인정한다.

| 왓슨의 뒷이야기 | 왓슨은 동성애자, 비만, 흑인 등을 비하하는 발언을 일삼다가,

"아프리카의 정책은 그들의 지적 수준이 우리와 동등하다는 가정하에 만들어졌다. (...)
흑인을 고용해본 사람이라면 그게 사실이 아니란 것을 알 것이다."

사회에서 매장당하고 모든 수입이 끊긴다.

왓슨 / 노벨상 수상자
"고기 반찬 먹고 싶어요…"

결국 그는 수상자 최초로 자기 노벨상 메달을 팔고 만다.

우리 모두
헛소리하지 말고
착하게 삽시다!

*근데 구매자가 자비롭게 다시 돌려줌

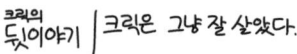 크릭은 그냥 잘 살았다.

진짜 끝!

로절린드 프랭클린과 킹스 칼리지에서 같이 DNA를 연구하기도 했던 모리스 윌킨스의 사이는 매우 좋지 않았다. 윌킨스와 프랭클린의 정반대되는 성격, 윌킨스가 무능력하다고 생각한 프랭클린의 사고방식, 윌킨스가 프랭클린의 데이터를 마음대로 해석한 일 등 다양한 요인이 겹쳐 둘의 사이는 매우 나빴다. 결국 둘은 존 랜들의 중재에 의해 서로 다른 형태의 DNA를 연구하게 된다. 이것은 결국 윌킨스가 프랭클린의 데이터를 허락받지 않고 사용해 DNA 구조 결정에서 프랭클린이 잊히게 되는 원인이 된다.

그룹채팅(야밤의 공대생 만화, 라이너스 폴링)

 야밤의 공대생 만화
이번에는 노벨상을 단독으로 두 개나 수상하시고, 세 번째 노벨상을 받을 뻔했지만 실패하신 라이너스 폴링 선생님을 모셨습니다.

라이너스 폴링
안녕하세요, 폴링입니다.

야밤의 공대생 만화
결정적인 순간에 공산주의자라는 오명을 쓰고 출국 금지를 당하셨다면서요? 안타깝습니다.

라이너스 폴링
네, 그 시절이 마음에 안 들면 아무나 빨갱이 누명을 씌우는 시대이긴 했습니다.

 야밤의 공대생 만화
우째 익숙한 소리네요…… 읍읍

 **라이너스 폴링**
안 그래도 요주의 인물 취급을 받긴 했습니다. 반핵운동을 열심히 했거든요.

 야밤의 공대생 만화
반핵운동을 한 것이 문제가 되나요?

 라이너스 폴링
그 당시가 소련과 냉전 중일 때였습니다. 저는 세계 평화를 위해서 미국이 가진 핵무기 정보를 세계와 공유하고 핵무기를 전 세계가 공동으로 관리해야 한다고 주장했는데요.

야밤의 공대생 만화
소련이랑 핵무기 정보를 나누자니, 정부 입장에선 미친 소리로 들렸겠군요.

라이너스 폴링
그런 운동을 열심히 한 데다, 반핵 서명을 받으러 전 세계를 돌아다니기도 했고, 다양한 정치집단을 만나고 다니다 보니 스파이가 아니냐는 의심을 받기도 했죠.

덕분에 노벨 평화상을 받았을 때도, "노르웨이에서 온 기괴한 모욕(A weird insult from Norway)"이라는 소리까지 들으며 굉장히 욕을 먹었어요.

 야밤의 공대생 만화
그렇지만 영국은 한 번 가 보셨으면 좋았을 텐데…… 영국 굉장히 멋진 나라거든요.

라이너스 폴링
아, 저도 가봤습니다. 템스강변은 정말 멋지더군요······

 야밤의 공대생 만화
······엥? 출국 금지 당하셨다더니 언제 가셨나요?

라이너스 폴링
2주 만에 출국 금지가 풀려서 바로 갔는데요?

 야밤의 공대생 만화
······그럼 가셔서 로절린드 프랭클린을 만날 수도 있었던 것 아닌가요?

라이너스 폴링
네, 그냥 안 만났어요. 조금 귀찮아서···

 야밤의 공대생 만화
프랭클린의 사진이 굉장히 중요한 것 아니었나요?

라이너스 폴링
그렇긴 한데 어차피 제 박사 학생이 저 대신 학회에 가서 사진을 보고 왔기 때문에······

 야밤의 공대생 만화
????

라이너스 폴링
????

 야밤의 공대생 만화
그러니까 영국도 가시고 학회 가서 사진도 다 보셨다고요?

라이너스 폴링
네. 무슨 문제라도······?

 야밤의 공대생 만화
······뭐야 누명 때문에 노벨상 못 받은 게 아니고 그냥 징징이였잖아······

발톱 자국만 봐도 사자임을 알겠다

인류 최강
노색남들의
활약

역사상 가장 많은 논문을 쓴 위대한 수학자 오일러

레온하르트 오일러
(Leonhard Euler)
1707-1783

그의 이름을 모르는 사람도 그의 업적들은 친숙할 것이다.

- '함수'의 개념 도입
- $f(x)$라는 표현 처음 씀
- $\sin(x), \cos(x)$ 등의 기호 도입
- e (자연상수) 개념
- $\sum$ 기호 도입 (더하기)
- i (허수) 기호 도입
- π 기호 널리 퍼뜨림

거의 중고등학교 수학책은 이 사람 일기장 수준

정**
이 새끼였구나

오**
이 새끼구나...

이**
문제의 원인을 찾았다

임**
그래 내가 이 사람 땜에 오늘 망했지

이공계 대학을 온다면 더 자주 보게 된다.

- $e^x = \sum_{n=0}^{\infty} \frac{x^n}{n!}$
- $\sum_{n=1}^{\infty} \frac{1}{n^2} = \frac{\pi^2}{6}$
- $e^{i\theta} = \cos\theta + i\sin\theta$
- 오일러-라그랑주 방정식
- hypergeometric series
- q-series
- 소수의 역수의 합 발산 증명
- 페르마의 소정리 증명 (오일러의 정리)
- 유클리드-오일러 정리
- ⋮

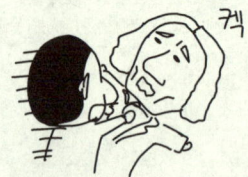

컥

알겠으니까 제발 그만둬

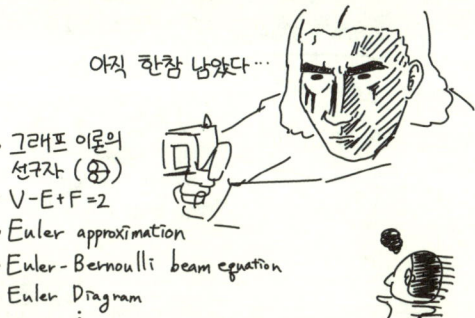

…하루 종일 업적만 소개하다 끝낼 수도 있다.

아직 한참 남았다…

- 그래프 이론의 선구자 (🌐)
- V-E+F=2
- Euler approximation
- Euler-Bernoulli beam equation
- Euler Diagram
⋮

채**
한 발이 아니라 한참…

〈위대한 수학자 오일러〉

어린 오일러의 옆집에는 베르누이 형제가 살고 있었다

수학 천재

요한 베르누이　　　야코프 베르누이

독자님들이 우리 기억하실까?　그릴 때마다 그림체가 달라서 잘 모르실걸…

강**
ㅋㅋㅋㅋㅁㅊㅋㅋㅋㅋ
ㅋㅋ 저 동네 어디냐

※〈최단강하곡선을 찾아라〉편 참조

오일러의 재능을 알아본 그들은 오일러를 가르치고…

김**
첨언을 하자면, 오일러의 아버지는 오일러가 성직자를 했으면 하는 바람에 수학 하는 것을 반대했지만, 베르누이가 오일러 아버지에게 찾아가 오일러는 수학을 해야 할 운명이라고 말했다죠?

폭풍 성장하여 그는 25세의 나이에 교수가 된다.

김**
나도 26살인데 아직 대학 졸업도 못했는데…! ㅠㅠ

R****** C***
나도 ㅠㅠ

야공만
(조금 안심)

그러나 지나치게 과로한 탓이었을까? 그는 불행히도 눈이 멀고 마는데…

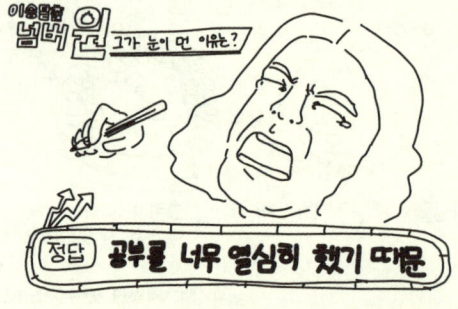

S****** C***
공부가 이렇게 위험합니다

그럼에도 초인적인 기억력과 암산 능력으로 연구를 계속한다.

A* J****
마리 오일러네뜨?

눈이 먼 이후에도 거의 1주일에 한 편씩 논문을 썼다 한다.

원래 눈 감은 애들이 더 쎔

박재훈
악 나가다ㅋㅋㅋ
ㅋㅋㅋㅋㅋㅋㅋㅋ

임**
엌ㅋㅋ제로스에
구우에 웅이 ㅋㅋㅋ

이**
마인부우ㅋㅋㅋ

그는 동료들과 잘 어울리지 못했고 눈도 보이지 않았지만,

오일러(수학자/40)
- 난 친구 같은 거 없어

주**
베니ㅋㅋㅋ

그렇게 역사상 가장 위대한 수학자가 되었다.

"오일러를 읽으라,
오일러를 읽으라,
그는 우리 모두의 스승이다."
- 피에르 시몽 라플라스

흐뭇

불가능, 그것은 아무것도 아닙니다.

당신이 책을 둘째로 다 외우고
수십 자리 암산이 가능한 천재이기만
하다면……

한병훈
그게 불가능한 건데!

최**
이 사람이 40년만
더 살았어도 우리는
어떤 세상에 살지...

야공만
수학계는 단명이 트렌드(?)
임에도 오일러는 그 옛날에
거의 80살 가까이 살았습니다.
40년 더 살 일은 없었을 듯...

오일러는 17년 동안이나 맹인으로 살게 됐지만, 그는 거기서 굴복하지 않았다. 오히려 시력을 잃은 후 더 열심히 연구해서, 시력이 좋았을 때보다 더 많은 업적을 남기게 됐다고 한다. 그는 그 어떤 수학자들보다도 많은 책을 집필한 것으로 유명한데, 수학뿐만 아니라 천문학, 광학 등의 수많은 책을 집필했음에도, 단 1권도 쓸모 없는 내용이 없었다. 어떤 사람이 "어떻게 그 많은 책을 집필하면서 그렇게 내용도 잘 쓸 수 있는 거죠?"라고 묻자, "아, 그거요? 사실 내 펜이 나보다 더 똑똑하거든요."라고 얼굴을 붉히면서 말했다는 유명한 일화가 있다.

눈이 안 보이면 책을 몽땅 외우면 되는 것을…

덤1 참고로 논문만 다작이 아니었다.
(13남매의 아버지)

이찬중
눈이 멀었는데......

이도권
천재는 공간 지각 능력도
차원이 다르군......

한병훈
확실히 눈이 멀었으니
하루 종일 밤이었겠네.

덤2 '오일러의 등식'은 1990년, 세상에서 가장
아름다운 수식으로 선정되기도 하였다.
(*The Mathematical Intelligencer)

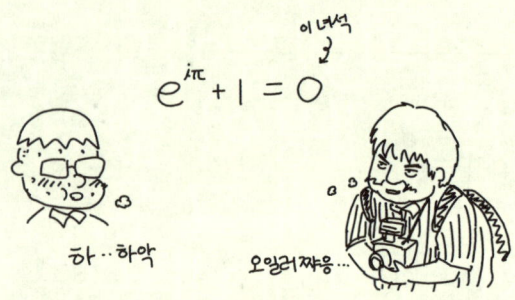

실제로 오일러의 등식을 보는 수학자들의 뇌에서는
아름다운 그림을 볼 때와 유사한 반응이 나타났다
한다.

김**
작가님 이쪽 취향이시군요

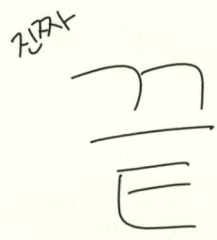

그룹채팅(야밤의 공대생 만화, 레온하르트 오일러)

 야밤의 공대생 만화
위대한 수학자 오일러 님을 모셨습니다.

이 책에 등장하는 분들이 다 위대한 분들이지만, 오일러 님께서는 그중에서도 정말 특히 위대한 수학자로 꼽히시는 분이죠.

레온하르트 오일러
하하, 과찬이십니다.

 야밤의 공대생 만화
······덕분에 참 즐거운 고교 시절을 보냈네요. 정말 감스흡니드······.

레온하르트 오일러
······

 야밤의 공대생 만화
그나저나 만화에 오일러의 공식이 소개되면서 많은 분들이 질문을 해주셨습니다.
저게 대체 뭐냐고······ 저게 뭐가 예쁘냐고······.

레온하르트 오일러
오일러의 공식이 가장 아름답다는 말은 아무래도 그 형태의 아름다움 때문일 것 같습니다. 공식을 보시면 수학에서 가장 중요하고 많이 쓰이는 상수 5가지가 모두 들어 있죠.

자연상수 e, 허수 i, 원주율 π, 1, 그리고 0까지요. 다른 잡것들은 하나도 없고요. 수학 법칙이 이렇게 깔끔하고 아름답게 생겼다는 것이야말로 신이 이 세상을 정말 아름다운 모습으로 창조하셨다는 증거가 아닐까요?

 야밤의 공대생 만화
정말 더러워 죽겠는 수학 공식도 많던데요. 신님 왜 그러셨어요······

레온하르트 오일러
그리고 아실지 모르겠지만 각각의 상수들은 얼핏 보면 연관이 없어요. 원주율 π는 아시다시피 원지름과 원둘레의 비율입니다. 약 3.1415926535······ 정도 되는 값이죠. 잘은 몰라도 뭔가 원과 관련 있는 숫자구나, 하시면 되죠.

허수 i의 경우에는 자기 자신과 곱했을 때 -1이 되는 가상의 수입니다. 얼핏 아까 나온 원과 관련된 숫자 π와는 관련 없어 보이지 않나요?

 야밤의 공대생 만화
뭐가 뭔지는 모르겠지만 둘 다 제 인생과는 관련 없었으면 싶은 놈들이네요.

레온하르트 오일러

그리고 자연상수 e는 약 2.71828…… 정도 되는 값인데, (1+1/n)^n 에서 n을 무한히 크게 하면 나오는 숫자입니다. (1+1/n)^n 라는 공식은 연 이자가 1/n×100퍼센트일 때 돈을 넣으면 n년 뒤 원금의 몇 배가 될지를 나타내요.

세상에나, 이자라니, 아까 말한 원이나 자기 자신과 곱했을 때 -1이 되는 놈들과 아무런 상관이 없어 보이지 않나요?

 야밤의 공대생 만화

뭔 소린지 모르겠지만 무한히 긴 시간동안 예금을 맡겼는데 원금의 2.718배 밖에 안 된다니 슬프네요.

레온하르트 오일러

자꾸 딴 길로 새지 마시고요.

 야밤의 공대생 만화

죄송합니다…… 계속하시죠.

레온하르트 오일러

그런데 이렇게 서로 상관없어 보이는 숫자들이 기가 막히게 서로 연관이 있는 겁니다!

자연에는 이렇듯 우리 인간이 얼핏 생각하기에 연관이 없어 보이는 것들 사이에도 심오한 연결 고리가 있다는 사실을 일 수 있죠.

 야밤의 공대생 만화

아…… 아름답네요……

17세기 말 영국의 화폐 주조국은 골머리를 앓고 있었다.

다양한 범죄가 당시 쓰이던 은화의 품질을 하락시키고 있었다.

아공덕
노답삼ㅇ형젝ㅋㅋㅋ
ㅋㅋㅋㅋㅋㅋㅋㅋ
ㅍㅋㅋㅋㅋㅋㅋㅋ

이에 그런 범죄자들을 척결하기 위해 영국에서 제일 똑똑한 남자가 조폐국 감사로 임명되는데…

< 영국의
　　　은화를
　　　　　지켜라 >

먼저 깎아내거나 위조하기 어려운 새로운 화폐를 만들어야 했다.

서**
화폐 깎는 노인
ㅋㅋㅋㅋㅋㅋ

야공덕
ㅋㅋㅋㅋㅋㅋ
ㅋㅋㅋㅋ생쌀ㅋㅋ
ㅋㅋㅋㅋㅋㅋ

그러나 새로운 화폐를 만드는 것은 당시의 시스템으로 불가능해보였는데,

뉴턴은 성공한다.

뉴턴은 생산 라인을 수학적으로 재설계해 이를 가능하게 한다. (속도를 6배 이상 향상시킴)

또한 그는 손수 화폐위조범들을 잡기도 했다.

그는 직접 잠입 수사를 하기도 하고…,

직접 강도 높은(?) 심문도 하며,

"그 사람 안에는
마르지 않는 분노의
샘이 있었다."
- 프랭크 매뉴얼 (전기 작가)

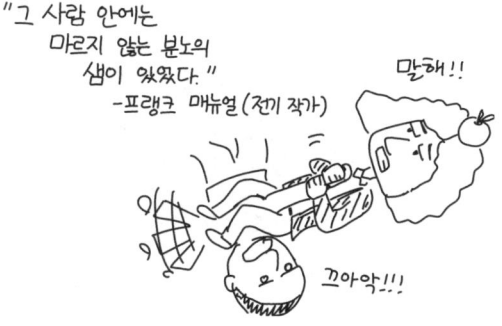

30명 가까운 위폐범들을 체포한다.

김**
포돌이ㅋㅋㅋㅋㅋㅋ

뉴턴의 활약으로 절멸당한 화폐 위조범과 화폐 깎는 범죄자들

그러나 화폐를 녹여서 외국에 파는 자들에겐 별다른 조치를 취하지 않았고…

이원형
역시 국제 브로커는 잡기
힘든가 보군요… ㅎㅎ

결국 뉴턴이 만든 화폐들도 그들에 의해 대부분 외국에 팔리고, 뉴턴의 개혁은 실패한다.

오늘의 교훈
: 천재는 공장 감독도 잘하고
범죄자도 잘 잡는다.

우리는 뭐 먹고 살라고…

그래도 마지막에 인간미 있게
개혁은 실패했다…

덤 | 위대한(?) 화폐위조가 챌로너

그는 거물답게 엄청난 계획을 세우는데…,

무려 조폐국 입성을 시도한다.

그는 화폐 전문가로 위장해 조폐국 취직을
시도하는데….

그곳엔 뉴턴이 앉았다.

손**
찰지구나

문상효
중력이 당겨서...
힘이 빠진다...

오늘의 교훈 2
: 천재한테 깝치지 말자.

작가 주: 이번 편은 『뉴턴과 화폐위조범』을 읽고 그 내용을 많이 참고해서 그렸습니다. 만화 내용은 책 내용의 1퍼센트 정도밖에 들어가지 않았으니 궁금하면 직접 읽어보시라고 하면 홍보같은데 돈 받아낸 없이 홍보해주기는 배 아프지만 여튼 그렇습니다. (이걸 그릴 때만 해도 이 출판사에서 책 낼 줄은 몰랐는데……)

또 덤 | 업적을 인정받아 엄청난 돈을 번 뉴턴
(교수직 연봉의 10~30배 이상)

초기 주식에 손을 대다가 40년치 기본급을 날려 먹는다. (교수 200년치 연봉)

정민용
리얼 주갤러 뉴턴...

주**
나는 별들의 움직임을 계측할 수 있지만, (주식 시장에 뛰어드는) 인간의 광기는 계산이 불가능하다라고 했다지요

김**
갓뉴턴도 주식은 망했다는 데서 큰 위안을 얻고 갑니다ㅋㅋㅋ

오늘의 교훈 3
: 그런 천재도 주식 앞에선 답 없다.

주식이 이렇게 위험합니다...

진짜 끝!

그룹채팅(야밤의 공대생 만화, 아이작 뉴턴)

 야밤의 공대생 만화
아이작 뉴턴 님을 모셨습니다.

아이작 뉴턴
안녕하세요, 뉴턴입니다.

 야밤의 공대생 만화
이번 화에서는 수학자로서의 뉴턴 선생님이 아닌 화폐주조국 국장으로서 뉴턴 선생님의 활약을 볼 수 있었는데요.

뉴턴 선생님이 화폐 위조범들을 그렇게 싫어하신 이유가 있나요?

아이작 뉴턴
영국에서 화폐를 발행할 수 있는 것은 국왕뿐입니다. 자기가 국왕도 아니면서 화폐를 발행하겠다고요? 그것은 왕권에 대한 모독입니다. 영국에서는 화폐 위조를 심각한 반역 행위로 생각하고 있습니다.

 야밤의 공대생 만화
그렇게 깊은 뜻이 있는 줄 몰랐네요. 앞으로 동전 따먹기 하고 놀지 않겠습니다.

이야기를 돌려서요. 그런데 마지막에 개혁이 실패하고 말았나 봅니다?

아이작 뉴턴
예. 망할 놈들이 제가 힘들게 만든 은화를 다 녹여서 은괴로 만들어 해외에 갖다 팔아버렸습니다.

 야밤의 공대생 만화
어쩌다 그런 일이 발생한 거죠?

아이작 뉴턴
기본적으로 은화는 같은 무게의 은과 가치가 같습니다. 은화 한 닢을 만드는 데 만 원어치의 은이 들어간다고 치면, 그 은화의 가치는 만 원이 되는 겁니다.

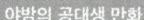
 야밤의 공대생 만화
지금의 돈은 만 원짜리든 오만 원짜리든 사실은 그냥 쓸모없는 종이 쪼가리일 뿐인데, 그 당시에는 그렇지 않았군요.

아이작 뉴턴
예. 지금의 화폐는 나라에서 '이 종이 쪼가리는 이만큼의 금과 동등한 가치가 있다. 우리가 이 종이 쪼가리의 가치를 보증할 테니 우리를 믿고 이 종이 쪼가리를 돈처럼 써라.' 라고 약속을 해준 것입니다.

아이작 뉴턴
그래서 나라를 믿고 그 종이 쪼가리를 받고 물건을 팔죠. 그러나 그 당시 사람들은 국가를 그렇게까지 믿지 않았습니다.

 야밤의 공대생 만화
나라가 망하거나 정권이 바뀌거나 하면 언제든 휴지 조각이 될 수 있으니까요.

아이작 뉴턴
그렇죠. 그래서 은화를 썼던 건데…… 문제는 은의 시세가 시간에 따라 바뀌고 나라마다도 다르다는 데 있었습니다.

우리 은화는 언제나 일정 무게에 일정한 가격인데 말이죠. 그러니까 은화를 녹여서 은의 시세가 비싼 나라에 가져다 팔면 이득을 볼 수 있는 거죠.

 야밤의 공대생 만화
그래서 다들 은화를 녹여서 팔았군요.

아이작 뉴턴
그래서 나라에 은화 만들 은이 부족한 사태가 벌어지고 말았습니다. 나라가 굴러가려면 돈이 있어야 되는데 돈이 다 없어져 버렸으니……

 야밤의 공대생 만화
그래서 어떻게 해결했나요?
뒷이야기는 만화에 나오지 않는데.

아이작 뉴턴
아까 말씀하신 것처럼 지폐를 국가에서 만들어서 유통하면 이 문제는 해결돼요. 저도 그 방책을 쓰자고 주장했지만 아까도 말했듯이 그 당시 사람들은 국가를 그렇게까지 신용하지 않았고요. 그래서 결국 은화 대신 금화를 썼습니다.

 야밤의 공대생 만화
……금화도 녹여서 외국에 팔면 똑같은 거 아닌가요?

아이작 뉴턴
인간은 언제나 같은 실수를 반복하는 법이죠……

'패러데이의 법칙'의 마이클 패러데이

* 발전기의 기본 원리가 되는 법칙

그는 전자기학뿐 아니라 화학에서도 많은 업적을 이룩하였다.

전자기만 잘한 거 아니라능…

벤젠 발견 등등

노**
벤젠도 패러데이가 한 거였어…?!

이**
얘가 유기화학 2차 시험 범위의 1/5을 만들어냈어

아인슈타인도 벽에 그의 초상을 걸어둘 정도로 그를 존경했는데…

패러데이 옵빠..
← 아인슈타인

야공덕
ㅋㅋㅋㅋㅋㅋㅋㅋㅋ
ㅋㅋ프초상ㅋㅋㅋㅋㅋ

그는 놀랍게도 '수알못'이였다. (삼각함수도 잘 몰랐음)

*수알못: 수학 알지도 못하는 사람

서**
나도 패러데이가 될 수 있겠다

〈수알못 흙수저 과학자〉

패러데이는 가난한 대장장이의 아들로 태어나 제대로 된 교육을 받지 못했다.

패러데이 / 초졸
"과학 배우고 싶어요…"

그래서 그는 서점에서 일하면서 틈틈이 과학 공부를 하였고,

형을 졸라 용돈을 받아 종종 강의를 듣곤 했다.

어느 날은 한 손님이 화학자 험프리 데이비의 강연 티켓을 주었는데,

신**
아까 보니 나이 먹었을 때도
침 흘렸던데 이때부터
침 흘렸구나ㅋㅋㅋㅋ
귀엽다ㅋㅋㅋ

조**
Reality hits you hard bro!

최**
ㅋㅋㅋㅋㅋㅋㅋㅋㅋㅋ
ㅋㅋㅋㅋㅋ입덕계기영상ㅋ
ㅋㅋㅋㅋㅋ

장**
짤도 얻고 공부도 하는 야공만!

장**
도키메키 메모리얼 ㅋㅋㅋㅋㅋ

야공만
쉿 그런 거 말하지 마요

호*
험프리 데이비의
최대 발견은
'패러데이를 발견한 것'
이라고 하죠

'헬영국'의 과학계는 가난한 패러데이에게 로락호락하지 않았다.

*실화

동료 과학자들은 수학을 잘 모르는 패러데이의 연구를 무시했지만…

패러데이는 수학 없이도 훌륭한 연구들로 교수직에까지 오른다.

Kyle Hong
슈퍼솔져 앞에서
총으로 까불어봐야……

이후 그는 왕립학회 회장 자리와 기사 작위까지 받을 뻔 하지만 둘 다 쿨하게 거절한다.

(겸손하고 금욕적인 사람이었다.)

권혁수
럭키짱ㅋㅋㅋ
ㅋㅋㅋㅋㅋ

이**
ㅋㅋㅋ 필요 없어
개쿨하다 ㅋㅋㅋㅋ

그렇게 대장장이의 아들 패러데이는 귀족들의 정점에 올라 오래오래 잘 살다가 눈을 감는다.

"평범한 패러데이 씨로 죽고 싶다."
- 기사 작위를 거절하며

오늘의 교훈
: 수학 못해도
이공계 와도 된다.
쫄지 말자.

황**
일반화의 오류 ㅠ

심**
그건 페러데이고...ㅠㅠ

정**
[아닌 것 같다]

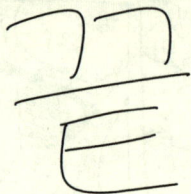

패러데이는 천재일 뿐만 아니라 과학이란 학문을 대중화한 사람이기도 했다. 1826년 그가 만든 '아이들을 위한 크리스마스 강연회'는 지금까지도 런던 왕립학회의 전통으로 내려져 온다. 이 강연회에 패러데이 스스로도 약 20번 가량 참여했고, 현재 영국의 20파운드권 지폐에는 이 강연을 하는 패러데이의 모습이 그려져 있다. 그중에서 가장 유명한 강의는 '양초 한 자루에 담긴 화학 이야기'이다. 이 강의는 책으로 출판되어 현재까지도 판매되고 있다. 패러데이는 슬하에 아이가 없었지만, 자신의 유년 시절 여러 강연을 들으며 과학에 대한 열정을 얻고 과학의 세계로 가는 통로를 찾았던 것을 잊지 않았다.

덤│패러데이는 위대한 발견을 했지만, 그 발견을 수식화할 능력이 없었다. (그놈의 수학 실력때문에…)

그래서 30년 뒤, 수학 잘하는 청년 맥스웰에 의해 패러데이의 법칙은 드디어 수식화되는데…

야공만
재미로 주워먹었다고 썼지만 맥스웰 짱짱 대단한 사람입니다! 다들 아시리라 믿고…

이는 4개의 맥스웰 방정식 중 하나가 된다.

$$\nabla \cdot \vec{D} = \rho$$
$$\nabla \cdot \vec{B} = 0$$
$$\nabla \times \vec{E} = -\frac{\partial \vec{B}}{\partial t} \quad \leftarrow \text{요게 패러데이의 법칙}$$
$$\nabla \times \vec{H} = \frac{\partial \vec{D}}{\partial t} + \vec{J}$$

거*
작가님 오일러 방정식보다 이게 좋다면서요?!

주**
와 이거 뭔가 소름...

황**
역시 뭐든 끝까지 봐야 함

심**
ㅋㅋㅋㅋㅋ뒤통수가 얼얼...

오늘의 교훈 2
: 역시 그래도
수학 잘하는 게
좋다…

뜬금없이

끝.

최**
안 끝나...
S*** H**
교장 선생님이신줄

뭔가 끝이 애매해서
또 **덤** ｜ 사실 풍선을 처음 만든 것도 패러데이다.
(안에 수소를 넣어서 날리는 실험을 하려고 개발)

뿌  우

진짜

끝?

서**
일 줄 알았으나...

... 그냥
아까 끝내는 게
나을 뻔 했다.
뿌우 뭐여

여튼 끝.

성*
끝만 몇 번이야

이건 3컷에서 쓰려다 버린 패러데이 포스터 섬현 ver.

뭔가 버리기 아까워서 첨부해봤어요...

*복습 : 영국 왕립학회 의장직은 뉴턴도 맡았던 직책이다.
('미적분의 아버지는 누구인가?' 편 참조)

〈그림〉 의장 직책을 이용해 라이프니츠
찍어 누르고 미적분 뺏어오는 뉴턴

그룹채팅(야밤의 공대생 만화, 마이클 패러데이)

 야밤의 공대생 만화
안녕하세요, 패러데이 선생님. 존경하는 분인데 뵙게 되어 영광입니다.

마이클 패러데이
안녕하세요. 별로 대단한 사람은 아닌데 쑥스럽습니다.

 야밤의 공대생 만화
만화를 보면 패러데이의 법칙이라는 것이 주요 업적이신 것 같은데요.

마이클 패러데이
네. 패러데이의 법칙은 아주 간단히 얘기하면 전선 근처에서 자석을 움직이면 전선에 전기가 흐르게 된다는 내용인데요, 중학교 때 실험해보신 분들이 많을 겁니다.

 야밤의 공대생 만화
그러니까 배터리 같은 것이 연결되어 있지 않은 전선인데도 근처에서 자석을 움직이면 전기가 흐른다는 거죠?

마이클 패러데이
네. 자석을 움직이는 에너지가 전기로 바뀌는 거죠. 실제로 발전소에서 전기를 일으키는 원리도 패러데이의 법칙을 기본으로 하고 있습니다.

 야밤의 공대생 만화
이것이 진정한 창조경제네요……
저의 잉여력을 전기로 바꿀 수 있다니 개이득인걸요?

마이클 패러데이
그럴 잉여력 있으시면 논문이나 좀 쓰시죠……

 야밤의 공대생 만화
……다른 이야기로 넘어가서요, 만화 내용 중에 수학을 잘 못하셨다는 부분이 저뿐 아니라 많은 독자들께 큰 희망이 되고 있습니다. 저도 수학 참 싫어하는데요.

마이클 패러데이
보통 다른 과학자분들을 보면 물리에 관해서는 세계급 천재고 수학에 대해서는 그럭저럭 천재인 경우에 자기가 수학을 못한다 이런 말을 많이 하는데요, 그런 말에는 속지 마시고요.

저는 진짜 수학을 전혀 모르는 진성 수알못입니다. 아예 배운 적이 없어요.

야밤의 공대생 만화
정말 훌륭하십니다. 수학은 망해야…… 응? 이게 아니고. 어쨌든 이공계에서 성공하려면 꼭 수학이 필요한 것은 아니군요?

마이클 패러데이
과학에도 여러 종류가 있습니다. 저 같은 경우에는 실험 위주의 과학을 하였기 때문에 직관과 실험 설계 능력이 강점으로 크게 작용했죠. 분야에 따라 다를 텐데, 수학이 필수적인 분야도 있을 겁니다.

 야밤의 공대생 만화
……결국 수학 공부를 하라는 말처럼 들리는데요.

마이클 패러데이
만화에도 나왔지만 제가 수학을 못해서 무시도 많이 받았고, 수학을 잘했더라면 더 큰 업적을 이루었을지도 모릅니다. 수학 공부 열심히 하세요 :)

 야밤의 공대생 만화
흐극…… 패러데이 아저씨는 거짓말쟁이야……

20세기 초 헝가리에는 천재들이 유독 많았다.

※ 헝가리명은 성이 앞에 온다. (ex-에르도시 폴)
그러나 이번 화에서는 익숙한 영문 이름으로 표기합니다.

누군가가 위그너에게 그 이유를 묻자…

그는 이렇게 답했다.

서보정
우리 전자기 교수님
프린스턴 다니던 시절에
위그너 수업을 들었는데
마지막 날에는
2명만 있었다더라…

⟨나는 전설이다⟩

존 폰 노이만
(John Von Neumann)
1903-1957
사기캐릭

인류 역사상 최고의 천재였다는 남자 폰 노이만

신이 폰 노이만을 만들 때

그는 7살 때 암산으로 8자릿수끼리 나누기가 가능했으며,

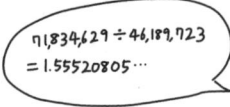

김**
8자릿수를 그냥 읽으라고 해도 중간에 실수할 것 같은데...

9살때 미적분을 마스터했고,

신**
ㅋㅋㅋㅋㅋㅋ아그공만 아빠 쓰고 있음ㅋㅋㅋ ㅋㅋㅋㅋㅋㅋㅋㅋ

Y******K***
그냥 닙다

15년 전에 읽은 책을 모두 암송할 정도로 기억력도 좋았다.

원**
이분은
전 타바코쥬스의 멤버 권기욱입니다

수학자 가보르 세괴는 16살의 폰 노이만의 수학을 보고 감동하여 눈물을 흘렸다 전해진다.

박**
jyp자낳 ㅋㅋㅋ

20대가 되자 그는 한 달에 한편꼴로 논문을 냈으며,

이**
딴 건 그냥 대단하다~
하면서 보는데
과학자로서 이건
진짜 부럽다

박**
월간 폰 노이만

송**
논문계의 김성모

그를 가르친 대학 교수에 따르면…

"폰 노이만은 내가 무서워하는
유일한 학생이였다. 내가 수업 중에
난제를 소개하면 수업 끝날 때쯤
그가 종이 쪼가리에 완벽한 풀이를
휘갈겨 오곤 했다."

죄르지 포여 (George Pólya)
1887-1985

Y**** H****
죄르지 마 오디 가지 않아
풀어줄게 너의 문제~

김**
근데 저 교수님 장수하셨네
ㅋㅋ 한국 나이로 99세

조**
프로이센 제국이
세워지던 시절에 태어나서
매킨토시 컴퓨터
만들어지는 거 보고 왔군요

그는 순수수학, 응용수학, 물리학, 컴퓨터공학, 경제학, 통계학, 생물학 등 다양한 분야에 엄청난 업적을 남겼고,

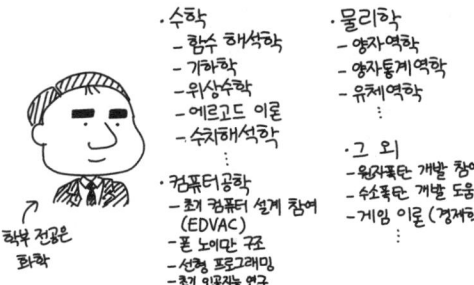

양**
아 그냥 사람이 아니었구나

야공만
어제 stochastic computing에 관한 논문을 읽었는데 그것도 폰 노이만이 만들었더군요... ㄷㄷ!!

김**
학부 전공이 화학이라는 데 쇼크...

김**
지금 태어나셨으면 아이언맨 만들었겠네

위키피디아에 그의 업적을 검색해보면···

(Abelian Von Neumann algebra, Decoherence theory, Inner model, Von Neumann measurement-scheme, Affiliated operator, Computer virus, Ergodic theory, Inner model theory, Von Neumann Octahedron, Amenable group, Commutation theorem, EDVAC, Interior point method, Von Neumann-, Arithmetic logic unit, Continuous geometry, explosive lenses, Mutual assured -universal constructor, Artificial Viscosity, Direct Integral, Lattice theory, -destruction, Von Neumann entropy, Axiom of regularity, Doubly stochastic matrix, Merge sort, Von Neumann equation, Backward induction, Duality theorem, Lifting theory, Middle-square method, Von Neumann-, Blast wave, Density matrix, Dunford-Wilson statistics, Minimax theorem, -Neighborhood, Bounded set, Monte Carlo method, Von Neumann paradox, Carry-save adder, Game theory, 4 APM Problem, Cellular automata, Hyperfinite, Class (set theory), PRNG, Neumann regular ring, Pointless topology, R—, -Bernays-Gödel, 네가 뭘 좋아할지 몰라서 모든 분야를 연구했어, Polarization identity, —it theory, Pseudorandomness, C—, Neumann universe, Standard probability, +, Von Neumann Conjecture, Stochastic Computing, -ture, Neumann's ineq—, Subfactor, Von Neumann—, —wavi—, Von Neumann algebra, -tone-Von Neumann, interpretation)

응 그래도 저 중에서 하나도 몰라

죽기 직전에도 괴테의 『파우스트』의 모든 페이지의 첫 문장을 암송하였다고 한다.

Erhabener Geist, im
Geisterreich verloren
Wo immer Deine
Lichte ···

훈훈_천재의_임종_퍼포먼스

이**
첫 페이지의 모든 문장이 아니고 모든 페이지의 첫 문장... ㄷㄷ

이**
아니 왜 굳이 이런 짓을 하는 거야...

진**
괴테: 뭔데 시바 나도 못해

이렇듯 워낙 비상식적으로 천재였다 보니 온갖 전설이 전해 내려오는데 그중 나름 출처가 명확한 몇 가지만 소개해본다.

야공만
참고로 폰 노이만은 여타 천재들과는 달리 매우 겸손하고 인간관계를 중시하는 사람이었다고 합니다. 최대한 주변 사람들이 자괴감은 들지 않도록 배려했다고... ㅠㅠ

#1. 파리 문제
누군가 폰 노이만에게 이러한 문제를 냈다.
(여러분도 풀어보세요 👀)

그 사이에서 파리가 시속 15마일의 속도로 날고 있다.

파리는 둘 중 한 자전거와 부딪히면 방향을 바꾸며 두 자전거 사이를 무한히 왕복하다가...

양**
파리 왜케 기여워

두 자전거가 충돌하면 깔려 죽는다.

이때 파리가 비행한 총 거리는?

예, 수학 문제입니다…

대부분은 이 문제를 들으면 이렇게 푼다.
※ 주의: 노약자, 임산부 및 수포자는 혐오감을 느낄 수 있습니다.

① 처음 부딪힐 때까지 파리는 $\frac{20}{(15+10)} \times 15$ 마일을 움직인다.

② 그 다음 방향을 바꾼 파리는 $\frac{20 - \frac{20}{(15+10)} \times 20}{(15+10)} \times 15 = \frac{20 \times 5}{(15+10)^2} \times 15$ 마일을 움직이고…

③ 그 다음에는 또 $\frac{\frac{20 \times 5}{(15+10)} - \frac{20 \times 5}{(15+10)^2} \times 20}{(15+10)} \times 15 = \frac{20 \times 5^2}{(15+10)^3} \times 15$ 마일을 …

④ 이런 식으로 무한히 더해서 무한등비급수 공식을 쓰면…

$$\frac{20}{25} \times 15 + \frac{20 \times 5}{25^2} \times 15 + \frac{20 \times 5^2}{25^3} \times 15 + \cdots = \frac{20}{25} \times 15 \times \frac{1}{1 - \frac{5}{25}}$$

$$= \frac{\overset{4}{20}}{25} \times 15\overset{3}{} \times \frac{1}{1 - \frac{5}{25}}$$

$$= 4 \times 3 \times \frac{5}{4} = 15 \text{ (마일)}$$

답은 15마일이다.

대충여라 죄송합니다. 자세히 써도
안 읽으실 것 같아서…

윌**
배려심 가득하신
작가님…
맞아요.
안 읽었을 거에요.

근데 사실 더 쉽게 푸는 방법이 있다.

① 자전거가 서로 20마일 떨어져 있고 속도가 시속 10마일이므로 1시간 뒤에 충돌함.
② 파리는 1시간동안 시속 15마일로 날기 때문에 총 15마일 이동함. 끝.

이러면 복잡한 계산이 필요없이 암산으로 끝난다.
무한등비급수 노가다로 푸는지 쉬운 방법을 생각해내는지 보는 문제이다.

*설명측 끝났습니다

이 문제를 내자, 폰 노이만은 즉시 정답을 맞혔다.

놀란 친구가 이렇게 말하자...

그는 이렇게 말했다 전해진다.

Gayeong Kim
......?

진**
이건 뭐 멍청한 거야
똑똑한 거야
둘 중 하나만 해

Gayeong Kim
그에겐 like
1 더하기 2... ☆

이**
편안한 표정...

#2. 한 회사가 복잡한 문제를 컴퓨터를 이용해 풀려 했는데 잘 되지 않아 폰 노이만의 자문을 구했다.

그의 대답은...

송**
만화 캐릭터도
이 정도 사기캐는
아닐 듯ㅋㅋㅋㅋㅋ

Jeon Doh
그래도 점심 메뉴
결정은 어려울 거야...

#3. 위그너는 13살 때 12살의 폰 노이만에게 정수론을 배웠다고 한다.

박**
메이플 스킬트리나 배울 나이에……

권국원
폰 노이만이랑
자기가 만든 컴퓨터랑
2의 거듭제곱 중에서
천의 자리가 7인 가장
작은 수를 찾는
대결을 했습니다.
물론 노이만 승.
참고로 정답은
$2^{21}=2097152$

주**
폰 노이만이 나타나면
여러 사람들이 자신들이
모르는 거 조언을 구하려고
줄을 섰다지요…

야공만
그리려다 안 그린 에피소드인데
보통 강의실을 나온 폰 노이만
주변에 사람들이 몰려들면
걸어가면서 해답을 주기
시작하는데 복도의 끝에
다다를 즈음엔 모두의 문제를
해결하곤 했답니다

덧) 그러나 이런 수학 천재도 계산하지 못하는 것이 있었으니…

칼로리였다.

※아내가 실제로 한 말

소현
칼로리 계산이
이렇게 어렵습니다 여러분

다이어트가
이렇게
불가능합니다.

김**
천재도 못한 걸
어떻게 해……

수학 천재도 못함

그룹채팅(야밤의 공대생 만화, 존 폰 노이만)

야밤의 공대생 만화
안녕하세요, 선생님.

존 폰 노이만
안녕하세요, 폰 노이만입니다.

야밤의 공대생 만화
이렇게 유명하신 분을 만나게 되어 영광입니다.
업적이 너무 많으셔서 그중에 어떤 업적에 대해
인터뷰를 해야 할지 잘 모르겠는데……

존 폰 노이만
과찬이십니다. 저는 세상에 존재하는 수학의 28퍼센트
밖에 이해하지 못하는 사람인걸요.

야밤의 공대생 만화
……28퍼센트요……?

존 폰 노이만
옛날에는 수학이라는 학문이 그렇게 방대하지가 않아서
한 사람이 세상에 존재하는 거의 모든 수학을 이해하는
것이 가능했죠.

요새는 수학이 너무 방대해지고 새로운 이론이 너무 빠른
속도로 나와서 저는 현존하는 수학의 28퍼센트 정도밖에
알지 못합니다.

야밤의 공대생 만화
(세상에 존재하는 모든 수학의 28퍼센트면 엄청 많이
알고 있는 것 같은데)

존 폰 노이만
그리고 제가 재미없는 건 또 싫어하거든요. 누가 재미없는
이론 얘기를 하면 열심히 듣지도 않고 강연 중에 자거나
하기 때문에 그런 이론들도 잘 모릅니다.

야밤의 공대생 만화
(심지어 재미없는 이론은 열심히 공부를 안 했는데도
28퍼센트였단 말인가……)

……어쨌든 수학을 정말 잘하시기로 유명하신데요.
특히 엄청 빠른 암산 속도로 화제가 되셨습니다.
비결이 뭔지 살짝 알려주실 수 있을까요?

역시 타고나야 하려나요, 하하

존 폰 노이만
아닙니다. 사실 이건 사람들이 잘 모르는 이야기인데요.
저는 날 때부터 암산 천재가 아니었습니다.
저의 뛰어난 암산 능력은 노오력으로 얻어낸 것입니다.

야밤의 공대생 만화
……엥 뭐죠? 제가 듣던 이야기랑 다른데요? 그럼 저도 노오력을 하면 암산 천재가 될 수 있을까요?

존 폰 노이만
어렸을 때, 제 친구였던 유진 위그너가 재미 삼아 암산으로 큰 숫자 둘을 곱해보라고 하더군요. 저는 상당히 근접한 결과를 얻었지만, 결국은 실패했습니다.
날 때부터 암산 천재는 아니었던 거죠.

 야밤의 공대생 만화
(뭐야 그래도 상당히 근접했던 건가……)

존 폰 노이만
위그너는 제 답이 정답에 가까웠다며 축하해줬지만, 저는 자존감에 상처를 입었죠. 그래서 어떻게 하면 암산을 잘할 수 있을까 고민했습니다. 곰곰이 고민해본 결과……

 야밤의 공대생 만화
……그 결과?

존 폰 노이만
비결을 알아냈습니다. 머릿속 연산회로를 조금 창의적으로 바꾸면 되더군요. 그 덕분에 저는 암산 천재가 되었습니다.

여러분도 조금만 노오력하면 암산 천재가 될 수 있어요!

 야밤의 공대생 만화
……님은 머릿속 회로를 마음대로 고칠 수 있으세요?

세계적인 부자 빌 게이츠

그의 생애는 의외로 그의 라이벌(?)에 비해 덜 유명한 것 같다.

그래서 그리는

〈문이과 마스터 빌 게이츠〉

빌 게이츠는 유복한 가정에서 태어났고,

천재였다.

※ SAT : 미국 수능

학창 시절에 이미 학교의 컴퓨터를 마음대로 해킹할 수 있었다고 한다.

김**
컴퓨터를 배웠어야 했다

그는 하버드 법대 대학원 진학을 꿈꾸며 하버드에 입학하는데,

의외의 문과생

* 이 부분은 자료마다 많이 다릅니다.

법에 흥미를 느끼지 못해 수학 수업을 많이 들었다.

수학 스탯 찍어야지...

야 너 문과생이 수학에 그렇게 투자하면 망해 된다!!

그 결과 2학년 때 세계적인 알고리즘 난제를 해결한다.

미친 문과생이 왜 저래...

고한찬
f**k ㅋㅋㅋㅋㅋㅋㅋ
인성 좀 내려간 거 같은데

K*** P*
앤 레벨업당 스탯이
5000쯤되나..

박**
빌 게이츠가 해결했다는
알고리즘이 어떤 건가요?

야공만
pancake sorting*입니다!!

*작가 주: 30년 동안 빌 게이츠의 이 방법을 능가하는 방법이 나오지 않았고
그 이후에 나온 방법도 1퍼센트 향상밖에 되지 않았다고 하니 실로 대단한 일이죠!!

그 후 그는 학교를 때려치고 마이크로소프트를 차린다.

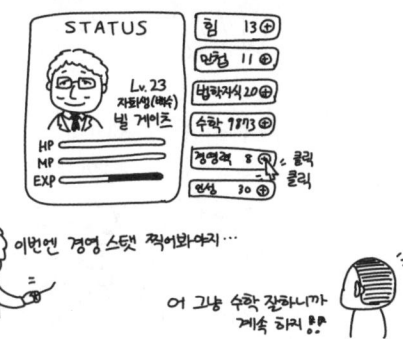

물론 다들 알다시피 여기서도 크게 성공한다.

마이크로소프트 창업 초기, MITS라는 회사에서 베이직 인터프리터라는 프로그램을 구하고 있었다.

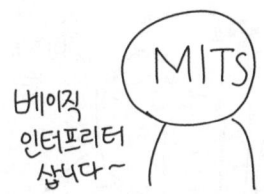

※ 베이직 인터프리터
: '베이직'이라는 프로그래밍 언어를 바로바로 해석하여 실행하는 프로그램

빌 게이츠는 베이직 인터프리터를 팔겠다고 나섰는데…

사실 빌 게이츠에게 그딴 건 없었다.

그러나 그는 시연 날짜 전까지 (8주 만에) 완벽한
베이직 인터프리터를 만들어서 판매에 성공한다.

야공만
심지어 로더는 폴 엘런이
시연하러 가면서
비행기에서 짰다 합니다

그다음엔 거대 컴퓨터 회사 IBM에서 자사 컴퓨터에 들어갈 운영체제를 찾고 있었는데……,

다시 한번 빌 게이츠가 나셨다. (물론 운영체제 따위는 없었다)

빌 게이츠는 작은 중소기업 SCP가 만든 운영체제를 사서 살짝만 바꿔 IBM에 팔아먹는다.

노**
네? SCP?!

I** M********
으엌ㅋㅋ SCP?????
ㅋㅋㅋㅋㅋ

야공만
시애틀 컴퓨터 프로덕츠였나...
여러분이 생각하는 그런 SCP 아닙니당...

작가 주: SCP재단이라고 재미로 일부러 도시괴담 같은 것을 지어내서 올리는 사이트가 있습니다

이 계약으로 IBM과 마이크로소프트는 큰 돈을 번다.

IBM이 성공하자 다른 컴퓨터 회사들도 IBM과 맞추기 위해 마이크로소프트의 제품을 사기 시작하고…

마이크로소프트는 컴퓨터 시장의 90퍼센트를 지배하기에 이른다.

이 기적의 장삿술(?) 덕에 마이크로소프트는 세계적인 기업이 되고,

양**
짝수의 저주

권기성
Windows 98 시연 중에 블루스크린이 떴는데 빌 게이츠가 태연하게 "자. 이래서 아직 출시 하지 않는 겁니다"라고 했다고 하는군요
ㅋㅋㅋㅋㅋㅋ

장승수
ㅋㅋㅋㅋ말 걸지 마 저거 인공지능ㅋㅋ

그 이후의 마이크로소프트의 행보는 현재진행형이다.

그리고 빌 게이츠는 은퇴하여 자선 활동에 힘쓰고 있다.

훈훈한 마무리
지었으니 고소는
안 당하겠지…?

(살아계신 분그리면 은근 무서움)

끝

이건 그렸다가
버린 것의 일부인데
너무 귀엽게 된 것
같아서 못 버리고
올려봅니다. (뜬금)

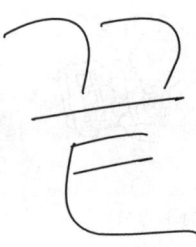 빌무룩…

김**
빌 게이츠님
그거 해봐 그거

국**
(실제로 한 말)

YunSeok Na
하지만 타블렛이 한 번쯤
미친 인기를 끌 것이라고
2000년인가 2001년에
예언하셨다는 소문이...

이**
Nobody wants stylus!!!

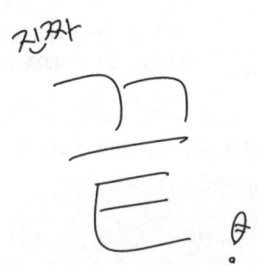

그룹채팅(야밤의 공대생 만화, 빌 게이츠)

 야밤의 공대생 만화
안녕하세요, 빌 게이츠 선생님! 제 어린 시절 우상이었는데 이렇게라도 뵙게 되어 정말 영광입니다.

빌 게이츠
안녕하세요, 빌 게이츠입니다.
제가 그렇게까지 대단한 사람은 아닌데 쑥스럽네요.

 야밤의 공대생 만화
돈이 많으시잖아요. 돈 짱짱맨!

빌 게이츠
아, 뭐…… 그렇긴 하죠.

야밤의 공대생 만화
사실 돈이 많다는 이야기만 자주 들었는데 재산이 얼마나 되는 건가요?

빌 게이츠
『포브스』에 따르면 1993년 정도부터 2000년대 후반까지 계속 세계 1위 부자이긴 했죠. 2010년대에 들어서는 엎치락뒤치락하고 있습니다. 저는 개인적으로 세계 1위라는 타이틀이 좀 부담스럽긴 하지만요.

 야밤의 공대생 만화
도대체 세계 1위 부자가 되려면 돈이 얼마나 많아야 하죠?

빌 게이츠
전성기 때는 재산이 1천억 달러를 넘겼던 적도 있어요. 한국 돈으로는 100조 원이 넘었겠네요. 그때는 농담으로 백만장자, 억만장자가 아니라 조만장자라고 불리기도 했습니다.

요새는 그 정도는 아니고, 2014년 기준으로는 790억 달러 정도 됩니다. 80조 원 조금 넘겠네요.

 야밤의 공대생 만화
한국 국방부 1년 예산이 40조 원이 안 되는데요?

빌 게이츠
탱크 한 대 사드릴까요?(농담)

 야밤의 공대생 만화
과연 제가 어릴 때 우상으로 삼을 만한 분이네요. 대체 얼마나 좋은 집에 사시나요?

빌 게이츠
집은 마당까지 포함해서 1825평 정도 됩니다.
수영장이 18미터 정도 되고 헬스장이 70평, 식당이 30평 정도 됩니다.

야밤의 공대생 만화
식당이 웬만한 집 넓이네요……

빌 게이츠
그래도 이 정도면 검소한 겁니다. 부동산은 제 재산의 0.1퍼센트도 차지하지 않거든요.

 야밤의 공대생 만화
1억 있는 사람이 10만 원짜리 집에 사는 셈이네요…… 과연 검소하십니다.

그렇게 검소하게 사시면(?) 남는 돈은 다 어디에 쓰시나요?

빌 게이츠
제가 국제 문제에 관심이 많거든요. 빌&멀린다 게이츠 재단을 만들어서 자선사업을 하고 있습니다.

2013년 기준으로 재단 재산이 346억 달러가 넘었습니다. 세계에서 가장 큰 자선 재단이죠.

 야밤의 공대생 만화
선행도 통 크게 하시는군요.

빌 게이츠
예. 이 돈의 상당 부분인 280억 달러 이상이 저와 아내가 직접 기부한 겁니다. 제 재산이 많긴 하지만 아까 790억 달러 정도라고 말했는데, 재산의 3분의 1 넘는 돈을 기부한 거죠.

앞으로 죽기 전까지 재산의 95퍼센트 이상을 기부할 생각입니다.

 야밤의 공대생 만화
멋지시긴 한데 재산을 그렇게 모조리 기부해버리면 자식들은 뭘 먹고 살죠?

빌 게이츠
95퍼센트 기부해도 4조 원 정도 남는데요. 좀 아껴가며 살라고 하죠 뭐.

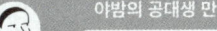
와…… 제가 정말 괜한 걱정을 했네요……

인생은 타이밍

비운의 학자들

〈토머스 영의 우울〉

토머스 영
(Thomas Young)
1773-1829

이과생이라면 누구나 "영의 이중 슬릿 실험"을 기억할 것이다.

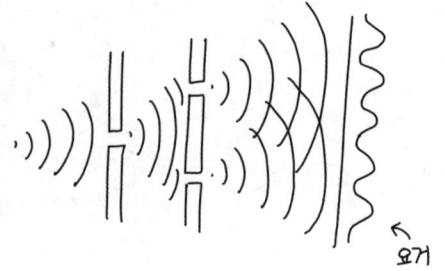

요거

李**
졸지에 문과생이
되었어...

간략히 설명하자면, 빛이 '파동'임을 보여준 기념비적인 실험이다.

이중 슬릿을 설치하고…

점광원을 사용하여

더 이상의 자세한 설명은 생략한다.

그러나 이 위대한 발견은 칭송받는 대신 신랄한 비판을 받는다.

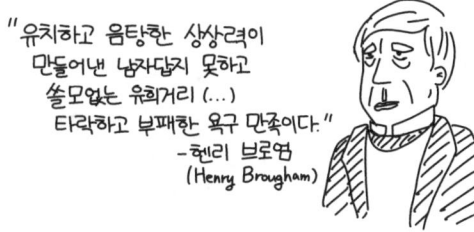

박**
고구마 장사가 힘들어요...

홍**
ㅋㅋㅋ깨알 스랖*이네여

이**
추천 한 개 지가 눌렀네...

심지어 이런 말까지 듣는다.

"유치하고 음탕한 상상력이
만들어낸 남자답지 못하고
쓸모없는 유희거리 (...)
타락하고 부패한 욕구 만족이다."
-헨리 브로엄
(Henry Brougham)

누가 보면 포르노라도 만든 줄...

TJ Ted Yun
불쌍한 Young

더불어 교수였으나 별로 인기도 없던 그는 이러저러해서 교수직을 때려친다.

*작가 주: 해당 컷은 서울대 온라인 커뮤니티 스누라이프(스랖) 연재 당시 그린 컷으로 스누라이프의 인터페이스를 패러디하여 그렸습니다.

영운 본업이 의사였기에, 직장을 때려친 후 병원에 취직한다.

근데 거기서도 인기가 없다.

그 후 평소 언어에 관심이 많았던 그는 이집트 상형 문자 해독을 연구한다.

그는 이집트 상형문자 해독에 선구자적인 연구들을
진행하나, 대부분의 업적을 라이벌이었던 샹폴리옹에게
빼앗기고…

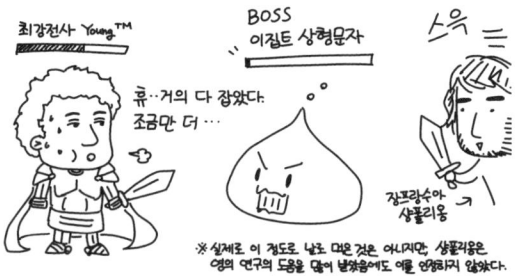

의사이자 위대한 물리학자, 이집트 상형문자 연구가였던
그는 이렇게 생전에 주목을 거의 받지 못하고 생을
마감한다.

오늘의 교훈.

악플을 달지 맙시다.

악플이 이렇게 무섭습니다.

만화가 재미없더라도…응?

끝.

영은 자신의 많은 업적 중에 가장 중요한 업적이 빛의 파동 이론을 수립했던 것이라 생각했다. 그 업적을 이루려면 존엄한 아이작 뉴턴의 광학, 빛은 입자라고 했던 1세기나 지난 견해를 이겨내야 했기 때문이다. 그럼에도 불구하고 1800년대 초에 그는 빛의 파동이론을 증명하는 많은 이론적 근거를 제시했고 이 이론을 확인할 수 있는 2가지의 증명방법을 개발했다. 잔물결을 일으키는 기계로 물결파동의 관계 사이의 간섭현상이 나타남을 보였다. 그리고, 마찬가지로 2개슬릿 실험이나 이중 슬릿 실험으로 파동으로써 빛의 간섭현상이 나타남을 입증했다.

나 사실 언어 천재. 이집트 상형문자 해독하는 거 하지 뭐.

그룹채팅(야밤의 공대생 만화, 토머스 영)

 야밤의 공대생 만화
안녕하세요, 선생님.

토머스 영
안녕하세요. 토머스 영입니다.

 야밤의 공대생 만화
만화를 보니 빛이 입자냐 파동이냐 하는 논란이 있었나 봅니다. 그런데 입자는 뭐고 파동은 뭔가요?

토머스 영
야구공을 던지면 야구공이 실제로 상대방에게 날아가죠. 이런 게 입자고요. 파도칠 때 보면 파도가 계속 해안가로 오는 것처럼 보이지만 사실 물은 제자리에서 출렁거릴 뿐이고 에너지만 전달되거든요. 이게 파동입니다.

시간이 지난다고 해안가에 물이 점점 많아지는 건 아니잖아요. 야구공은 실제로 이동하지만 물은 제자리에서 출렁거릴 뿐이죠.

 야밤의 공대생 만화
그렇게만 들어서는 잘 모르겠군요. 예를 들어 소리는 어떤가요?

토머스 영
소리도 파동입니다. 우리가 말을 하면 입에서 어떤 소리 알갱이가 발사돼서 상대방 귀에 들어가는 게 아니고 목구멍의 진동이 공기의 진동으로, 공기의 진동이 상대 고막의 진동으로 전달되면서 에너지만 전달되는 거거든요.

요런 게 바로 파동입니다. 에너지는 전달되지만 실제로 뭔가 알갱이가 날아온 건 없죠.

 야밤의 공대생 만화
냄새는 어떤가요?

토머스 영
냄새는 입자입니다. 누군가 방귀를 뀐다고 하면 조그마한 냄새 알갱이가 엉덩이에서 발사돼서 막 날아다니다가 우리의 콧속으로 들어오는 거거든요.

 야밤의 공대생 만화
눈에 보이지 않는 소리나 냄새 같은 게 입자인지 파동인지 언뜻 생각하면 알기가 어렵네요. 냄새나 소리나 비슷비슷해 보이는데요.

토머스 영
그렇습니다. 그래서 사람들이 빛은 입자일까 파동일까 많이 궁금해했는데, 저는 혁신적인 실험으로 빛이 파동임을 증명했습니다. 요새 고등학생들은 학교에서 제 업적을 다 배웁니다.

야밤의 공대생 만화
그런데 위대하신 뉴턴 님이 빛은 입자라고 했다던데요?

토머스 영
뉴턴은 근거도 없이 찍은 거예요. 제 주장은 확고한 실험적 근거가 있었고요. 사람들이 알지도 못하면서 뉴턴이 말하면 무조건 맞다고 해서……(울먹)

 야밤의 공대생 만화
그런데 위대하신 아인슈타인 님도 빛은 입자라고 하던데요? 빛이 파동인 거 확실합니까?

토머스 영
아 그건 더 어려운 얘기인데요, 빛이 보통 때는 파동인데 어떨 때는 입자처럼 굴어요. 이거는 양자역학을 배워야 알 수 있는 얘기입니다. 이거 얘기하기 시작하면 엄청 길어지는데, 어쨌든 양자 세계 같은 특수한 경우에만 그렇습니다.

 야밤의 공대생 만화
그래서 빛이 특수한 경우에는 입자인데 보통 때는 파동이라는 겁니까?

토머스 영
말하자면 그렇죠.

 야밤의 공대생 만화
언제는 입자랑 파동이랑 전혀 다른 거라면서요? 지금 틀려놓고 제가 잘 모른다고 아무렇게나 둘러대시는 것 아닙니까?

토머스 영
그래서 브래그 경이라는 과학자가 이런 유명한 말을 남겼죠. 과학자들도 결국 제대로 모른다는 자조적 농담인데요,

"우리는 월, 수, 금요일에는 빛은 파동이라고 생각하고 화, 목, 토요일에는 빛은 입자라고 생각한다."

 야밤의 공대생 만화
그럼 일요일에는요?

토머스 영
교회에 가서 물리학을 전공으로 선택하지 않은 것에 대한 감사 기도나 올리시는 게 어떨까요?

우리 모두에게 친숙한 근의 공식

$$ax^2 + bx + c = 0$$

$$x = \frac{-b \pm \sqrt{b^2 - 4ac}}{2a}$$

이**
완벽히 잊었습니다.
-문과충- ㅜㅠ;;

여은영**
이런 거 배운 적 있어야
하는 거 확실해요??!!

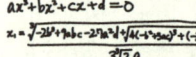
가물가물 할 뻔 했어...

참고로 3차 방정식의 경우는 이렇게 생겼다.

참 쉽죠?

4차는요?

닥쳐요.

그렇다면 5차 이상의 방정식도 근의 공식이 존재할까?

답은 "아니오"이다.

이 난제의 답을 구한 것은 20세 소년이었다.

에바리스트 갈루아
(Évariste Galois)
1811 – 1832

야공만
사실 이 난제는
수학자 갈루아와 아벨이
독립적으로 해결하였습니다

정규남
나 20살 때는 뭐했더라

J***** C***
너무 짧게 살았다...ㅠㅠ

〈비운의 천재 수학자〉

갈루아는 15살 때 이미 전공서와 논문을 소설처럼 읽는 천재였다.

언제나_그렇듯이_날때부터_천재.jpg

그리고 (그 때문에?) 외톨이였다.

그러나 소년에게는 꿈이 있었다.

그는 명문대 에콜 폴리테크니크에 두 차례 입학 시험을 치르는데,

D****** K***
ㅋㅋㅋㅋㅋㅋ
ㅋㅋ수학과에서
종종 있는 일ㅋㅋ
ㅋㅋㅋㅋㅋ

지나치게 천재적이었던 그의 답안은 면접관들에게 설명이 부족해 보였는지 그는 빵점을 받고…

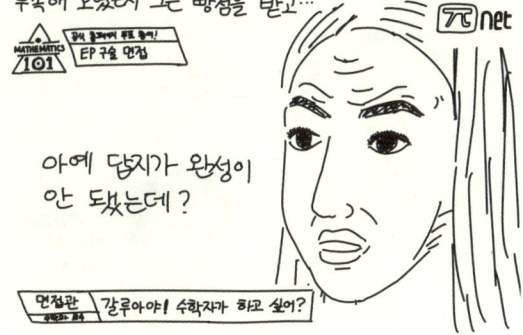

김**
이 와중에 파이넷
ㅋㅋㅋㅋ

우**
우리는 꿈을 꾸는
수학자들~!

분노한 그는 면접관 이마에 지우개를 던지고 만다.
(당연히 탈락)

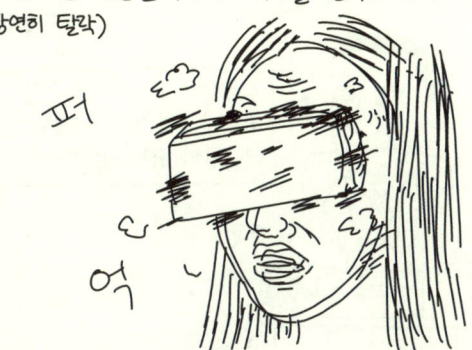

최**
ㅋㅋㅋㅋㅋㅋㅋㅋㅋㅋ
ㅋㅋㅋㅋㅋㅋㅋㅋㅋㅋ
ㅋㅋㅋㅋㅋㅋㅋㅋㅋㅋ
ㅋㅋㅋㅋㅋㅋㅋㅋㅋㅋ
ㅋㅋㅋㅋㅋㅋㅋㅋ

결국 다른 대학에 입학했지만 그의 열정은 식지 않았다.

그는 자신의 연구를 담은 논문을 수학자 코시에게 보내는데…….

코시는 그 논문을 잃어버린다.

김**
와 ㅇㄱㄹㅇ

한민욱
이런 코시 슈바르트

그는 포기하지 않고 다른 논문을 수학자 푸리에에게 보냈는데

푸리에가 사망한다. (그래서 논문도 실종됨)

박**
우울증 싹 달아나네ㅋㅋㅋㅋㅋㅋ

여러모로 삐뚤어지기 시작하는 갈루아

이희종
갈루아의 아버지는 당시 시장이었는데 종종 시를 짓는 취미가 있었습니다. 하지만 반대파들이 시를 조작해서 아버지의 명예를 실추시키고 시장직에서 결국 물러나게 됐습니다. 이 사건으로 인해 결국 갈루아의 아버지는 자살을 하게 됩니다. 갈루아가 두 번째로 대학 시험을 친 게 아버지가 돌아가시고 얼마 안 되서라는군요.

그는 과격한 정치적 노선을 표방하다 학교에서 짤리고 투옥되기도 한다.

그러나 그는 (아직도) 포기하지 않는다.

그는 수학자 푸아송에게 자신의 논문을 보내는데…

결국 그는…

Jeon Doh
너무 천재라서 이해할 수 없게 썼는지… 아니면 단지 논문 쓰는 법을 몰랐는지… 단지 어리다고 무시한 건지… 정말 안타깝네요.

야공만
푸아송은 그래도 생각을 잘 정리해서 다시 써보라고 답장을 보냈습니다. 그리고 갈루아도 그 충고를 허투루 듣지는 않았는지 그 이후에는 조금 더 나아졌다고 합니다

폭발한다.

그 직후 그는 여자 문제로 결투를 하다 22세의 나이로 사망하고…

그의 연구들은 그의 사후 14년이 지나고서야 세상에 알려지게 된다.

오늘의 교훈
: 면접관한테
　지우개 던지지
　　말자

서**
교훈ㅋㅋㅋㅋㅋㅋ

노**
교훈의 상대기...?

끝.

덤| 수학자 푸앵카레

백지훈
ㅋㅋㅋ진짜
푸앵푸앵거리게
생기셨네

D****** W**
얼굴과 안 어울리게
귀욤 ㅋㅋ

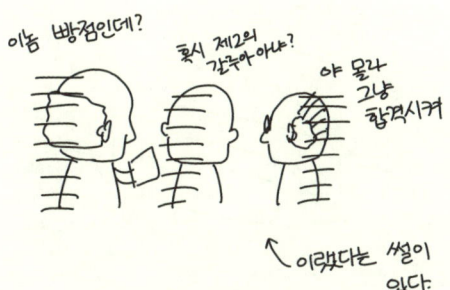

그래서 이게 갈루아 때문이라는 소문이 있는데...

그냥 루머인 것 같다. (푸앵카레가 빵점 받은 과목은 수채화였음)

H** *** J****
수채화를 왜....

야공만
에콜 폴리테크니크는
입학하자마자
군사훈련도
받는다고 합니다.
지덕체를 함양하라!

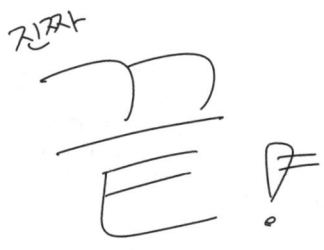

갈루아는 석연찮은 이유로 1832년 5월 30일 수요일 아침에 결투를 하게 되었다. 기록에 의하면 명사수 데르벵빌은 스테파니와 갈루아가 사랑에 빠졌음을 눈치채고 갈루아에게 결투를 청했다. 갈루아가 왜 결투를 피하지 않았는지에 대해서는 추측만 무성할 뿐이다. 결투 5일 전 갈루아는 친구 슈발리에에게 이루어지지 않은 사랑 때문에 결투를 하게 되었다고 편지를 썼다. 믿을 만한 몇몇 조사에서 갈루아가 사랑에 빠졌던 여인의 이름은 스테파니 펠리시 포트랭 뒤 모텔이라고 밝히고 있다. 뒤 모텔은 갈루아가 생애 마지막 한 달간 머물렀던 여관 주인의 딸이었다. 갈루아는 뒤 모텔이 맞닥뜨린 어떤 문제를 해결해주려다가 결투에 연루되었다고 추측되고 있다.

그룹채팅(야밤의 공대생 만화, 앙리 푸앵카레)

 야밤의 공대생 만화
안녕하세요, 오늘은 만화 말미에 잠깐 등장한 푸앵카레 선생님을 모셨습니다.

앙리 푸앵카레
안녕하세요. 푸앵카레입니다.

 야밤의 공대생 만화
만화 주인공도 아니셨고 나와서 하신 일도 수채화 시험 망한 것밖에 없는데 의외로 독자들 사이에서 은근한 인기를 끌고 계십니다.

앙리 푸앵카레
푸앵푸앵.

 야밤의 공대생 만화
그런 의미에서 선생님에 대해 조금 알아가는 자리를 마련했습니다. 자기소개 부탁드립니다.

앙리 푸앵카레
저는 마지막 만물학자(The Last Universalist)라는 별명을 가지고 있습니다. 현대에 들어와서는 수학과 물리학 등 동시에 여러 학문 분야를 연구하는 것이 사실상 불가능한데, 저는 순수수학, 응용수학, 현대물리학 등 다양한 학문 분야에 많은 업적을 남겼기 때문이죠.

「푸앵카레 추측의 증명」편에서 보실 수 있습니다만 그 유명한 푸앵카레 추측을 만든 것도 접니다.

 야밤의 공대생 만화
아, 그냥 지나가는 엑스트라이신 줄 알았는데……

앙리 푸앵카레
푸앵푸앵.

 야밤의 공대생 만화
업적을 간략하게 소개해주시겠습니까?

앙리 푸앵카레
네. 일단 저는 그 악명 높은 위상수학을 창시했고요. 기하학, 수론, 카오스이론 등 다양한 분야에 업적을 남겼습니다.

 야밤의 공대생 만화
아 뭐야 진짜 천재였네……

앙리 푸앵카레
그뿐 아니라 물리학에서는 전자기학과 특수상대성이론에 지대한 공헌을 했습니다.

야밤의 공대생 만화
엥? 특수상대성이론까지요? 그거 아인슈타인 선생님이 하신 것 아닌가요?

앙리 푸앵카레
특수상대성이론의 근간이 되는 부분을 제가 아인슈타인보다 3개월 일찍 발표했어요. 아인슈타인의 논문은 제 논문과 상당히 흡사했는데 아인슈타인은 제 논문을 본 적이 없다고 하더라고요. 저는 그 말을 믿을 수가 없어서 죽을 때까지 아인슈타인의 논문을 인정하지 않았습니다.

제 논문은 간단한 버전이었고, 길고 자세한 버전은 아인슈타인의 논문보다 늦게 나오긴 했지만요.

 야밤의 공대생 만화
와…… 아인슈타인 대신 상대성이론의 창시자가 될 수도 있을 뻔했군요!

앙리 푸앵카레
네. 그 유명한 $E=mc^2$라는 공식도 사용했고요. 많은 분들이 아인슈타인의 업적이라고 알고 계시는 중력파도 사실 제가 처음 고안했습니다.

 야밤의 공대생 만화
이분 정말 대단한 분이셨네요…

앙리 푸앵카레
푸앵푸앵!

 야밤의 공대생 만화
근데 왜 사람들이 푸앵카레 님은 거의 모르시고 아인슈타인 님만 잘 알고 계신 거죠?

앙리 푸앵카레
저는 특수상대성이론을 해석하면서 잘못된 고전적 해석을 완전히 버리지 못했어요. 아인슈타인은 훨씬 더 유연한 해석을 내놓았는데 결과적으로 그게 더 맞는 해석이었죠.

 야밤의 공대생 만화
와…… 정말 푸앵푸앵 거리기만 하는 귀엽게 생긴 아저씨인 줄 알아서 죄송합니다.

앙리 푸앵카레
지금이라도 알았으면 됐습니다.

 야밤의 공대생 만화
그래도 수채화는 제가 더 잘 그릴듯요.

앙리 푸앵카레
……

영국의 위대한 시인 바이런

"별이 총총한 구름 한 점 없는 밤하늘처럼
그녀는 아름답게 걷는다.
어둠과 빛의 순수는 모두
그녀의 얼굴과 눈 속에서 만나고,
하늘이 찬연히 빛나는 낮에는 주지 않는
부드러운 빛으로 무르익는다. (...)"
— 그녀는 아름답게 걷는다 中
(원제: She walks in beauty)

존잘남

조지 고든 바이런
George Gordon Byron
(a.k.a Lord Byron)
1788 - 1824

이**
코 봐 베이겠네
시도 멋있다

😐 어송합니다...
뭔 소린지 잘...

그는 남,녀를 가리지 않는(?) 엄청난 난봉꾼이었다.

심지어 자기 누이와 그랬다는 소문도......

박**
저 남자 뭐야
ㅋㅋㅋㅋㅋ

그랬던 바이런의 수많은(?) 자녀들 중 유일한
적녀(嫡女), 에이다 러브레이스가 오늘의 주인공이다.

에이다 러브레이스
(Ada, Countess of Lovelace)
1815 - 1852

😐 뭐지 이 그리기
겁나 귀엽게 생긴 캐릭터는?

〈최초의 프로그래머〉

*에이다 러브레이스는 (당연히) 에이다 바이런이었다가 러브레이스 백작과 결혼하여 에이다 러브레이스가 됩니다. 헷갈리므로 만화에서는 '에이다'라고 이름으로 표기합니다.

바람둥이 남편 때문에 마음고생이 심했던 에이다의 어머니

바이런이 시인이었던 것이 문제라 판단하여 딸에게는 수학을 가르친다.

내 딸은 낭만도 환상도 꿈도 사랑도 없는 팍팍한 이공계생으로 키우겠어!!

아니야 오해야 우리도 낭만 있어… ㅠㅠ

정** 있어요!?

에이다는 그 덕에 어려서부터 수학에 엄청난 재능을 봄내는데…

아버지를 닮은 성격은 어디 가지 않았다.

한**
이 와중에
맨 오른쪽 위에
작가님이 ㅋㅋ

그 무렵, 수학자 찰스 배비지는 '해석기관'이라는 이름의 최초의 컴퓨터를 고안해내는데,

그 당시 기술력으로는 제작이 불가능했다.

지금 1800년대인데
뭘로 만들건데?

배부룩...

증기기관이랑...
톱니바퀴들로...

여튼 에이다는 이 아이디어에 큰 흥미를 느끼고
배비지와 함께 연구하게 된다.

어머!
이 연구는 해야돼!

그러던 중 에이다는 해석기관에 관한 한 논문을
번역하게 되는데,

이거 번역좀...

음...설명이 조금 빈약하네?

자기 나름의 설명을 덧붙여 원문 길이의 3배에 달하는
주석을 작성한다.

권혁수
이말년 ㅋㅋㅋㅋ
ㅋㅋㅋㅋㅋㅋㅋ

주석에는 해석기관이 완성된다면 돌릴 수 있는 프로그램도
포함되어 있었다.

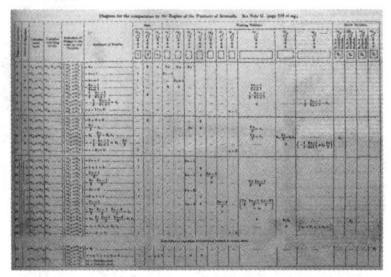

✶ 베르누이 수를 계산하는 프로그램

이 때문에 그녀는 '최초의 프로그래머'라고 불린다.

SYSTEM: <최초의 프로그래머> 칭호를 획득하였습니다.

이**
참고로 그녀의 이름을 딴
프로그래밍 언어 Ada는
미국 국방부의 표준 언어로
사용되고 있습니다

J**** K**
깨알 카이지

이**
무... 무승부로
하지 않을래...?

우**
도박의 난제를
풀려고 했나
보군요 ㅎㄷㄷ

오늘의 교훈
: 도박 하지 맙시다.

도박중독은 1336!

끝.

에이다는 스스로를 시적인 과학자, 분석가, 형이상학자라고 불렀다. 1844년에는 친구에게 두뇌가 생각과 감정을 일으키는 원리를 나타내는 수학적인 모델을 만들고 싶다고 얘기하였다. 해석기관을 단순한 계산기 또는 수치 처리 장치로만 생각하던 당대의 과학자들과 달리 훨씬 다양한 목적으로 활용될 수 있는 가능성에 주목하여 현대 컴퓨터의 출현을 예측하였다. 에이다는 음악의 요소들이 해석기관이 처리할 수 있는 형태로 변환될 수 있다면 해석기관을 이용하여 작곡과 같은 창작활동도 가능하다고 언급하였고 여기서 현대의 컴퓨터에 대한 예측을 엿볼 수 있다.

〈최초의 프로그래머〉
에이다 러브레이스

에이

덤 최근에는 끝내 완성되지 못한 배비지의 해석기관을 만들어보려는 자들도 있다.

배비지의 설명이 너무 불친절하여 애를 먹고 있는 모양이다. (2016.05 기준)

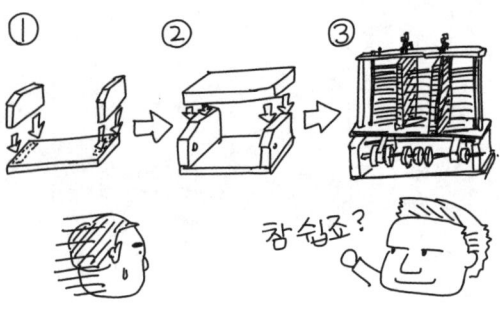

언젠가는 에이다의 프로그램을 실제로 돌려볼 수 있는 날이 오기를 기대해본다.

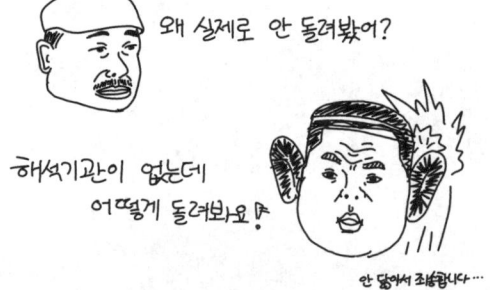

진**
ㅋㅋㅋㅋㅋㅋㅋ
ㅋㅋㅋ개닮았는데
ㅋㅋㅋㅋㅋㅋㅋ

우**
조세호ㅋㅋㅋ
ㅋㅋㅋㅋㅋㅋ

위대한 발명을
할 때는
설명을 자세히
씁시다!

한병훈
보고 있나, 페르마?

진짜
끝!

그룹채팅(야밤의 공대생 만화, 에이다 러브레이스)

 야밤의 공대생 만화
안녕하세요, 에이다 러브레이스 선생님.

에이다 러브레이스
안녕하세요. 에이다입니다.

 야밤의 공대생 만화
선생님께서는 최초의 프로그래머이실 뿐 아니라 현대 컴퓨터 패러다임을 예측하셨다는 평가까지 받고 계십니다.

에이다 러브레이스
배비지는 해석기관이라는 놀라운 기계를 생각해냈어요. 그것은 현대의 컴퓨터와 논리적인 면에서는 거의 흡사한 것이었습니다. 현대의 컴퓨터로 프로그래밍을 통해 무엇이든 구현할 수 있는 것처럼, 해석기관도 이론적으로는 프로그래밍을 하면 무엇이든 구현할 수 있거든요.

 야밤의 공대생 만화
프로그래밍을 잘 했을 때 얘기지 제 얘기는 아니네요.

에이다 러브레이스
어쨌든 그런데 해석기관의 창시자인 배비지는 자기가 만들어놓고도 해석기관의 무한한 가능성을 몰랐어요. 그냥 좀 많이 똑똑한 계산기 정도로 생각하더라고요.
컴퓨터는 단순한 계산기가 아니잖아요?

 야밤의 공대생 만화
실제로는 컴퓨터의 존재 의의는 계산이 아니라 오버×치에 있죠.

에이다 러브레이스
저는 그래서 주석 문서에 그렇게 썼습니다.

 야밤의 공대생 만화
미래엔 해석기관으로 오버×치를 할 수 있을 거라고요?

에이다 러브레이스
……아뇨.

 야밤의 공대생 만화
그럼요?

에이다 러브레이스
어떠한 것이든 숫자로 표현될 수 있고 숫자들 간의 연산을 통해 그 상호작용이 표현될 수 있다면 해석 기관을 이용해 표현될 수 있다고요. 가령 음악같은 것도 말이죠. 실제로 요새는 컴퓨터를 이용해 작곡을 하기도 하잖아요?

야밤의 공대생 만화
훌륭하시지만 오버×치를 예측하지는 못하셨군요.

에이다 러브레이스
……무슨 오버×치 중독자세요?

야밤의 공대생 만화
……죄송합니다.

에이다 러브레이스
어쨌든 아마 그래서 사람들이 저를 보고 현대 컴퓨터 패러다임을 예측했다고 하기도 하는 것 같네요.

야밤의 공대생 만화
하지만 예측하지 못하신 부분도 있다면서요?

에이다 러브레이스
네, 저는 주석 말미에 하지만 해석기관은 주어진 일을 할 뿐, 새로운 독창적인 것을 만들어낼 능력은 없다고 적었어요. 말하자면 인공지능이 가능하다고 믿지 않은 것이죠.

이건 저뿐 아니라 최근까지도 정말 많은 사람들이 그렇게 생각했으니까요. 그렇지만 요즘은 인공지능이 그림도 그리고 음악도 작곡한다고 하더라고요. 이 부분에 대해서는 제가 틀렸다고 생각할 수도 있겠네요.

야밤의 공대생 만화
저는 그거 말고 오버×치를 예측하지 못하신 걸 말한 건데……

에이다 러브레이스
……

야밤의 공대생 만화
……

에이다 러브레이스
저랑 배비지가 괜한 연구를 해서 사람 하나를 이렇게 중독자 만들어놨네요.

야밤의 공대생 만화
……그러는 님은 도박 중독이셨잖아요……

⟨무한대를
본 남자⟩

황동성
끝까지 봤는데 그래서
어떻게 무한대를 봤는지는
빼먹으신 것 같은데요?

아공만
그냥 라마누잔이 나오는
유명한 영화 제목을
그대로 가져왔습니다!
뭔가 느낌 있어서....

#1. 천재 수학자 라마누잔

권현옥
이름 ㅋ
그 어려운 걸
해내다니.

서**
잘 그리셨어요.
이름 말이에요 ^^

그는 인도의 한 빈민가에서 태어났다.

이**
왈도체ㅋㅋ

김**
나는 한다 번역을

이**
이 이상 좋게
할 수 없다

가난했던 그는 12살 때 하숙하는 대학생들로부터 수학을 배웠는데…

Z* S**
누가 대학생이야
ㅋㅋㅋㅋㅋ

김**
동생이 12살이 아니라
21살은 되어 보이는…

14세 무렵에는 어려운 전공서를 마스터하기에 이른다.

전**
ㅁㅊㅋㅋㅋㅋㅋㅋ

문**
내 머리는 장식인가ㅋㅋ

김**
엌ㅋㅋㅋㅋㅋ

#2. 그는 인도의 명문대 쿰바코남 대학에 입학하지만…

김**
난 모든 문제가
시시했나봐…

홍**
이거다!
내가 이렇던
것이었다!

김**
나도 그럼.

특유의 성격 탓에 졸업도 하지 못하고 극심한 가난 속에 살게 된다.

H*** *** Y***
박스 디테일하네요

Jeon Doh
론이 뭔가
잠깐 생각했음

그러던 중 자신의 연구 노트 9장을 영국의 수학자들에게 보내 보는데…

고**
하디-바인베르크
법칙의 그분인가요??

강**
생2의 적 중
한 명 아닌가 ㅂㄷ

그렇게 영국 최고 명문대 케임브리지(트리니티 칼리지)에 입학한다.

송**
달그닥 훅

박**
똑똑똑 택배입니다

#3. 그는 영국에서 위대한 연구들을 하지만...

"그와 견줄 만한 수학자는 오일러나 야코비뿐이다."

"내 가장 중요한 업적은 라마누잔을 발견한 것"

— 하디

이**
하디의 어느 수학자의 변명을 읽어보면 그의 문체로 그가 자존심이 엄청 강한 사람이라는 것을 알 수 있습니다. 그의 논문 몇 편만 훑어도 엄청난 대가라는 걸 알 수 있죠. 그런 그가 이렇게 말할 정도라는 건...

채식주의자이자 인도인이였던 그에게 영국 생활은 너무 가혹했고, 영양 부족과 결핵 등이 겹쳐 단명한다.

류인곤
영국 음식이 또ㅠ

J*** *** B***
하필 그때 터진 1차 세계대전의 영향이 지대했습니다.

이**
영양학이 이렇게 위험한 겁니다.

"영국 요리는 피시 앤드 칩스가 유명한데, 그냥 한식 드세요."
-정재형 (음악요정)

영국 음식 핵노맛...

아항항

안 말아서 죄송합니다...

그는 죽으며 자신이 발견한 수천 개의 정리가 담긴 네 권의 노트를 남겼는데,

역시 수학은 재미있어...☞

MATH NOTE

박**
그 와중에 수천 개...

193

가난했던 그는 종이를 아끼고자 증명을 적지 않았고,

덕분에(?) 그의 정리들은 지금까지도 연구되고 있다.

민**
그땐 전쟁 때문에
종이 한 장이
귀한 시절이었는데
페르마가 나오니
웃퍼지네요...

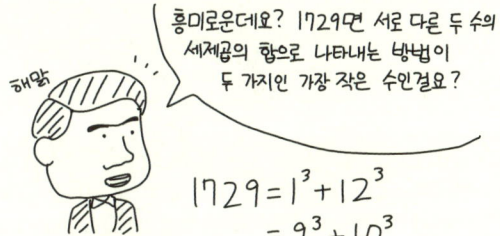

이아침
네...?! 지금 말을 이해하려고 네 번 다시 읽었다!

이**
다행이다. 나만 여러 번 읽은 게 아니었어

J****** M***
12/25는 그저 0.48일 뿐...

<u>덤의 덤</u> 엑스트라처럼 나온 하디도 사실 굉장히 유명한 수학자이다.

"현대에 위대한 영국인 수학자는 세 명 뿐이다. 하디, 리틀우드, 그리고 하디-리틀우드."
- 하랄드 보어
(닐스 보어 동생)

엑스트라 아니라능…

* 사실상 위대한 수학자는 하디, 리틀우드 뿐이라는 뜻

그는 여행을 하기 전에 친구에게 이런 거짓 전보를 보내곤 했는데…

"리만 가설 증명했음"
- 하디

* 리만 가설은 해결되지 않은 난제

백지훈
제1회 야공만배
허언중 갤러리
정모를 시작합니다.

신이 자기를 미워한다 생각하여 여행 중 사고가 날까봐 그랬다고.

내가 저런 전보를 보낸 직후 죽으면 사람들이 내가 정말 증명했는데 안타깝게 죽은 줄 알 것 아냐?

신이 내가 그런 비운의 천재로 역사에 남는 것을 허락할 리 없어

문**
천잰데…?

윤성현
뭐 이딴 ㅋㅋㅋㅋ

J*** O*
신에게 도전하는
논리왕ㅋㅋㅋㅋ

이런 낚시 덕분(?)인지 미세까지 살았다.

권국원

영국인 하디는 크리켓을
좋아했는데, 크리켓을
보러 갈 때 항상 스웨터,
우산, 수학 논문을
들고 다녔다고 합니다.
이유는 비가 오면 하디가
논문을 검토하게 될 텐데
무신론자인 자기한테 그런
소중한 시간을 허용해 줄
리가 없으니 맑을 거라고...

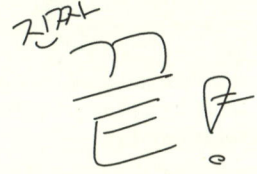

덧|나도 미국 음식 너무 맛없어서 죽을 위기임

197

그룹채팅 (야밤의 공대생 만화, 스리니바사 라마누잔)

 야밤의 공대생 만화
라마누잔 선생님 안녕하세요.

스리니바사 라마누잔
나마스떼

 야밤의 공대생 만화
편지 한 통으로 유학길에 오르셨다고요. 정말 부럽습니다. 저는 유학 가려고 영어 공부에 자기소개서에 이력서에 별의별 짓을 다 했는데요.

스리니바사 라마누잔
유학 준비생 여러분 꿀팁입니다. 영어 점수 자기소개서 이력서 다 필요 없어요. 수학 천재이면 됩니다.

야밤의 공대생 만화
……

스리니바사 라마누잔
농담입니다.

야밤의 공대생 만화
어쨌든 도대체 그 편지에 무슨 내용이 쓰여 있었길래 편지 한 통으로 유학까지 가신 거죠?

스리니바사 라마누잔
기본적으로 제가 스스로 연구를 한 연구노트의 일부분이었는데요, 제가 발견한 공식들이 빼곡히 적혀 있었습니다. 역시 이번에도 증명은 없었고요.

 야밤의 공대생 만화
이 분 증명이랑 원수를 지셨나……

스리니바사 라마누잔
그중에는 오일러나 가우스같이 훌륭한 분들이 이미 발견한 공식도 있었어요. 저는 세상의 모든 공식들을 다 알지 못했기 때문에 제 나름대로 이것저것 연구하다가 같은 것들을 발견한 것이죠. 그리고 아무도 발견해내지 못한 기상천외한 공식들도 많이 있었습니다.

 야밤의 공대생 만화
그런 공식들은 도대체 어떻게 찾아내시는 거에요?

스리니바사 라마누잔
신들이 제게 알려줍니다. 저희 집의 신인 나마기리(주: 힌두교의 락슈미 신. 나마칼 지방에서는 나마기리라는 이름)가 저에게 영감을 줍니다.

한 번은 꿈을 꾸었는데, 꿈속에서 피로 만들어진 크고 붉은 빛의 장벽이 나타나더니, 손이 나타나서 갑자기 수식을 쓰기 시작했어요. 여러 개의 타원 적분에 관련된 공식이었습니다.

야밤의 공대생 만화
힌두교 신들은 수학도 엄청 잘 하시나 봅니다. 왜 아무 신도 저한테는 수학 공식을 안 알려줄까요······

스리니바사 라마누잔
제가 신님들에게 조금 이쁨 받는 편인가 봐요.

야밤의 공대생 만화
어쨌든 처음 보는 공식이 쓰여 있고 증명도 안 써 있었으면 편지를 받은 분들도 당황스러웠겠어요.

스리니바사 라마누잔
네, 그래서 저를 사기꾼이라고 생각한 사람도 많았습니다. 그냥 아무렇게나 공식을 적었다고 생각한 거죠.

야밤의 공대생 만화
그래도 하디 교수님은 그러지 않았군요.

스리니바사 라마누잔
예, 교수님은 이건 누가 상상력으로 만들어내기에는 너무나도 기상천외한 공식이라 사실일 수밖에 없다고 생각했다고 해요. 그분이 연락을 주셔서 저는 그 중 몇 개의 공식을 실제로 증명해보였고, 합격하게 된 것이죠.

야밤의 공대생 만화
너무 기상천외해서 인간의 상상력으론 만들 수 없다니, 도대체 어떤 공식들이었길래 그렇게까지들 말씀하신 건가요?

스리니바사 라마누잔
한번 보실래요? 예를 들면······
$$1 - 5\left(\frac{1}{2}\right)^3 + 9\left(\frac{1 \times 3}{2 \times 4}\right)^3 - 13\left(\frac{1 \times 3 \times 5}{2 \times 4 \times 6}\right)^3 + \cdots = \frac{2}{\pi}$$
이런 것도 있었고···

야밤의 공대생 만화
와 진짜 신기하다······

스리니바사 라마누잔
$$1 - 9\left(\frac{1}{4}\right)^4 + 17\left(\frac{1 \times 5}{4 \times 8}\right)^4 - 25\left(\frac{1 \times 5 \times 9}{4 \times 8 \times 12}\right)^4 + \cdots = \frac{2\sqrt{2}}{\pi \Gamma^2\left(\frac{3}{4}\right)}$$
이런 것도 있었죠.

야밤의 공대생 만화
······그냥 저는 영어 공부하고 자소서 쓸게요!!!

우리 과학자 모두는 약간 미친 겁니다

이상한 과학자의 기이한 사례

저번 화 댓글을 보다가 이러한 요청을 발견했다.

그러나 다년간의 경험으로 나는 알고 있다. 이런 이야기는 재미가 없다는 것을…

그래서 그 대신 슈뢰딩거의 삶을 그리기로 했다.

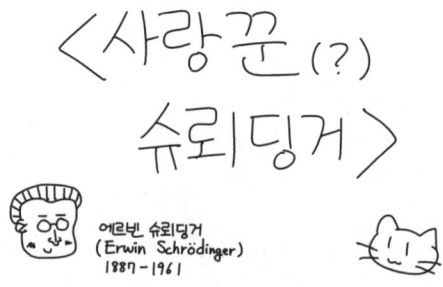

천재 물리학자 슈뢰딩거는 1926년, 악명 높은(?) 전설의 '슈뢰딩거 방정식'을 완성하는데…

A**** *** ** K**
양자역학 논자시 공부하면서 프사이 예쁘게 그리는 법만 터득한 듯...

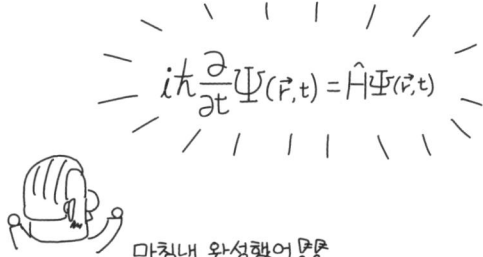

공식의 주요 부분을 완성시킬 당시 외간 여자와 알프스로 휴가를 가 있었다고 전해진다.
(이때 유부남이었음)

그 당시 이웃집의 14살 소녀에게 열렬히 구애하던 중이었는데, 어쩌면 그녀였는지도 모른다.

그렇다. 슈뢰딩거는 지독한 바람둥이였다.

저기 제 친구의 조카가 지나가네요.
하지만 곧 제 연인이 될 겁니다.

그는 슈뢰딩거 방정식으로 노벨상을 받지만, 그럼에도
옥스포드, 프린스턴 등 명문 대학의 교수가 되지
못하는데…

그가 아내가 있음에도 직장 동료의 아내와 두 집 살림을
차려 애까지 있었기 때문이다.

참고로 슈뢰딩거의 아내도 수학자 헤르만 바일과 불륜 관계였으니, 너무 불쌍해할 필요는 없을 것 같다.

정지윤
ㅋㅋㅋㅋㅋㅋㅋㅋ
ㅋㅋㅋㅋㅋㅋㅋㅋ
ㅋㅋ엉망진창이잖아
ㅋㅋㅋㅋㅋㅋㅋㅋ

그렇게 오스트리아 그라츠 대학에 자리 잡은 그는, 독일이 1938년 오스트리아를 점령하자 아일랜드로 두 아내를 데리고 망명한다.

한**
혼란스럽다

유**
혼세혼세!

이**
따라간 두 아내가...
...뭐지 이건

*다행히(?) 두 아내 모두 무사히 데리고 망명한다.

그곳에서 그는 물리학뿐 아니라 생물학 등 다양한 분야에 많은 업적을 남기는데…

"슈뢰딩거의 저서
『생명이란 무엇인가』에
큰 영향을 받았다."

— 왓슨 & 크릭
(〈DNA의 비밀을
밝혀라〉편 참조)

물론 일만 열심히 한 것은 아니었다.

문어발식 확장공사

한 물리학자는 인터뷰에서 "알고 보니 나도 슈뢰딩거의 손자라더라"고 밝히기도 했는데, 유럽 곳곳에 자손(?)이 얼마나 퍼져 있을지 아무도 모를 일이다.

이**
미친ㅋㅋㅋㅋ
ㅋㅋㅋㅋㅋㅋ

김**
슈뢰딩거의 아버지
ㅋㅋㅋㅋㅋㅋ

Gayeong Kim
진짜ㅋㅋㅋ도랏ㅋ
ㅋㅋㅋㅋㅋㅋ
ㅋㅋㅋㅋㅋㅋ

그래도 죽어서는 아내랑(만) 나란히 묻혔다.

성찬제
의미 없다...

교훈
: 뇌섹남 다 필요 없다.
착한 남자 만나자.

끝

슈뢰딩거를 그리면서 고양이를 아예 안 그리기는 아쉬워서
그리는 보너스

슈뢰딩거의
고양이 (설명충 주의)

슈뢰딩거 방정식은 풀면 답이 딱 하나 나오는 것이
아니라, 여러 답이 확률적으로 나온다.

그러다 보니 물리학계에 뜨거운 논쟁거리가 되었는데, '우리가
몰라서 확정적인 답을 못 구하는 것이지 구할 수 있다.'는
주장과 '자연계는 근본적으로 확률적이라 확률적인 답밖에 못
구한다.' 는 주장이 팽팽히 대립한다.

"신은 주사위 놀이를 하지 않는다."
- 알베르트 아인슈타인

"신한테 이래라 저래라 하지 마라."

- 닐스 보어

"신은 적어도 선형대수학은 기가 막히게 잘하는 듯."
- 서울대학교 이병호 교수님
('양자역학의 응용' 강의 中)

보어 측의 주장은 관측하기 전에는 물리량이 여러 상태의 중첩 상태로 존재하다가, 관측하는 순간 확률적으로 물리량이 결정된다는 주장으로, 이른바 '코펜하겐 해석'으로 불린다.

슈뢰딩거도 사실 자연은 근본적으로 확률적이라는 해석을 매우 싫어했으며, 그런 주장을 하는 사람들을 까기 위해 '슈뢰딩거의 고양이' 역설을 고안한다.

그러나 확률적 해석이 정설이 되어버린 지금, 확률적 해석을 반박하려 고안한 '슈뢰딩거의 고양이'가 양자역학의 불가해함을 대표하는 마스코트가 되어버린 것은 아이러니이다.

슈뢰딩거는 이런 결과를 몹시 못마땅해했다.

"내가 이런 것에 일조했다는 ← 확률적 해석
것이 유감스럽다."

아니 이걸로
노벨상까지 받으셨으면서…

여하튼 요새 철학, 종교, 문학 등에서 무분별하게 인용하고 곡해하는 경우가 많지만 슈뢰딩거의 고양이는 물리학적인 얘기이며, 슈뢰딩거의 방정식과 양자역학을 제대로 아는 사람만이 그 진면목을 느낄 수 있다 하겠다.

임**
그래서 그 고양이는
살았나요 죽었나요?

그리고 스티븐 호킹은 슈뢰딩거의 고양이에 대해 이런 코멘트를 남겼다.

- 누가 슈뢰딩거의 고양이 얘기를 하면
나는 총을 찾는다.

야공덕

ㅋㅋㅋㅋㅋㅋ
ㅋㅋㅋㅋㅋㅋ
ㅋㅋㅋ결론 봐

그러니까 여러분도 슈뢰딩거의 고양이를 멀리 하고 고양이 까페나 가는 게 낫습니다.

그룹채팅(야밤의 공대생 만화, 에르빈 슈뢰딩거)

 야밤의 공대생 만화
안녕하세요 선생님. 슈뢰딩거 방정식이 뭔가요?

 에르빈 슈뢰딩거
쉽게 말해, 아주 작은 세계에서 전자같이 작은 물체들이 어떻게 움직이는지 계산하려고 제가 만들어낸 방정식입니다.

야밤의 공대생 만화
그걸 계산하는 게 어려운 일인가요?

 에르빈 슈뢰딩거
네. 큰 물체들의 움직임을 계산하는 것은 18세기부터 할 수 있었어요. 이름도 유명한 뉴턴의 운동방정식을 이용하면 되는데요, 그와 달리 전자처럼 아주 작은 것들은 상상을 초월하는 기상천외한 방법으로 움직이기 때문에 기존의 방법으로는 계산할 수 없었거든요.

그래서 제가 슈뢰딩거 방정식을 만든 것이죠.

 야밤의 공대생 만화
만들고 싶다고 방정식이 그렇게 뚝딱 만들어지는 게 더 놀랍네요. 대단하십니다……

 에르빈 슈뢰딩거
그래서 제가 노벨상을 받은 것 아니겠습니까.

 야밤의 공대생 만화
그런데 만화에서 보니까 계산을 하면 답이 한 개만 나오는 게 아니라고요.

 에르빈 슈뢰딩거
네. 결과가 확률로 나옵니다. 전자의 위치를 알아보려고 계산을 했더니만 결과가 여기 있을 확률 이만큼 저기 있을 확률 이만큼…… 이런 식으로 나오는 셈이죠.

 야밤의 공대생 만화
……그럼 뭐 결과가 크게 도움이 안 되겠는데요?

동전 던져놓고 앞면인지 뒷면인지 맞혀보라니까 "앞면일 확률 50퍼센트 뒷면일 확률 50퍼센트" 요따위 소리 하는 꼴 아닙니까?

 에르빈 슈뢰딩거
그래서 많은 과학자들이 더 연구하면 더 정확한 방법을 알아낼 수 있을 거라고 생각했습니다. 그런데 닐스 보어 등 몇몇 과학자들이 자연은 원래 확률적이라 이런 확률적인 답밖에 못 구하는 게 정상이라고 주장하기 시작했죠.

 야밤의 공대생 만화
……? 그게 무슨 말이죠

에르빈 슈뢰딩거
그러니까 정확한 답이 정해져 있는데 우리가 못 구하는 게 아니고, 자연계는 원래부터 답이 정해져 있지 않다가 우리가 측정하는 순간에야 답이 정해진다는 얘기입니다.

야밤의 공대생 만화
……?

에르빈 슈뢰딩거
예를 들어, 안대로 눈을 가리고 동전을 던진 뒤 앞면이 나왔을지 뒷면이 나왔을지 맞혀본다고 합시다.

결과가 안 보이니까 우리들은 "앞면일 확률 50퍼센트, 뒷면일 확률 50퍼센트" 이렇게밖에 말할 수 없지만 사실 결과는 앞면 또는 뒷면으로 정해져 있겠죠. 우리가 보든 안 보든 정답은 정해져 있는데 모를 뿐이란 말입니다.

야밤의 공대생 만화
그렇죠.

에르빈 슈뢰딩거
그런데 아주 작은 세계, 그러니까 양자역학의 세계에서는 이렇지 않다는 얘깁니다. 우리가 보고 있지 않을 땐 여러 결과가 겹쳐서 존재하다가, 우리가 보는 순간 다른 결과들은 다 죽고 한 결과만 살아남아 우리 눈에 보인다고 해요.

야밤의 공대생 만화
……점점 더 개소리 같은데요? 제가 눈을 가리고 있는 동안은 동전이 막 춤을 추고 있다가 보는 순간 앞면 또는 뒷면으로 정해진다는 소리 같군요.

에르빈 슈뢰딩거
예, 뭐 동전은 신비한 양자역학의 룰이 적용될 정도로 작지 않아서 그럴 일은 없지만요. 여튼 저도 이런 이상한 이론은 싫었습니다. 그래서 슈뢰딩거의 고양이라는 역설까지 만들어가며 그 사람들이 틀렸다는 것을 증명하려고 했습니다. 근데 수십 년이 흐른 지금은 거의 저 말이 맞다는 의견이 지배적이에요.

야밤의 공대생 만화
……저 개소리가 맞는 말이라고요?

에르빈 슈뢰딩거
그래서 양자역학이 악명 높은 겁니다.

야밤의 공대생 만화
……제가 안 보고 있는 사이에 제 주머니 속 동전들도 춤을 추고 있을까요?

에르빈 슈뢰딩거
스티븐 호킹이 총을 괜히 찾은 게 아니죠?

이공계의 뛰어난 인재들 중에는 사교성이 떨어지는 사람이 많다.

(사실 우리 주위에도 많다.)

노잼은 우리의 가족, 친구일 수도 있습니다.

그러나 그중에서도 단연 최강은 오늘의 주인공 폴 디랙일 것이다.

폴 에이드리언 모리스 디랙
(Paul Adrien Maurice Dirac)
1902-1984
프로노잼러

고**
몸이 기억하는 단어
디랙델타함수
내용은 기억 안 남

〈세상에서 가장 과묵한 과학자〉

신동주
역시 3B 전략은
분야를 막론하고...

강**
디랙의 강아지라도
만들지... ㅋㅋㅋ

야공만
디랙의 바다라는
개념이 있긴 있습니다.
역시 고양이를 썼어야...

윤훈한
브라...아 닙니다.

야공만
찾았다 요놈

임**
아오 진짜
공부하다가
또 죽이고
싶어지는 사람

여기서 잠깐! 나는 참견쟁이, 스피드×건!
폴 디랙이 생소한 독자들을 위해 뭐 한
사람인지 설명해주지!
읽기 귀찮으면 스킵하라고!

· 폴 디랙은 양자역학의 기초를 다진
사람으로, '슈뢰딩거의 고양이'의 슈뢰딩거와
함께 노벨상을 받았다.

 같이 노벨상 받았는데 지금 고양이로 유명해서고...

 슈뢰딩거

· 주요한 업적들은 다음과 같다.

브라-켓 벡터 고안
⟨ɸ| |ψ⟩

이건 배울 때 누군가 한 명은 꼭 깨드리를 치지...

디랙 방정식 (슈뢰딩거 방정식 + 상대성이론)

페르미-디랙 통계

디랙 델타 고안 → $\delta(x)$

반물질 예측 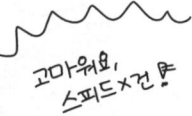 반물질 폭탄!

고마워요, 스피드×건!

폴 디랙의 아버지는 매우 엄했다.

하라는 공부는 안 하고!!

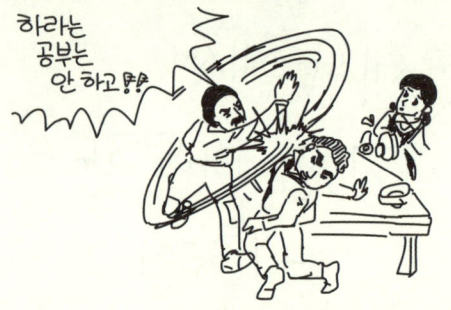

몇 번째 우려먹는지도 까먹은 북북컷

최**
디랙이 공부를 안 했다고 맞는다면 전 이미 맞다 죽어서 관짝에 못 박고 들어갔다가 되 꺼내져서 채찍질 맞았을 겁니다

어느 정도였냐면……,

"나는 부모란 원래 자식을 아껴야 한다는 사실을 몰랐다. (형이 죽었을 때) 부모님이 슬퍼하셔서 놀랐다."

부모님이 자식을 사랑하고 막 그런 거였어 원래?!

최**
슬퍼 뭐야...

여튼 그런 아버지는 프랑스어를 가르치려고 집에서는 프랑스어만 쓰도록 시켰고…,

엄격
근엄
진지

오늘부터 집에서는 프랑스어로 말한다!

풍성했던 어린 디랙 →

프랑스어를 잘 몰랐던 디랙은 그냥 말을 안했다.

그냥 겁나 가만히 있어야겠다.

그렇게 그는 세상에서 가장 과묵한 남자가 되었다

폴 디랙/노잼과학자
"그때부터였어요 제가 말을 안 하게 된 게…"

어찌나 과묵한지 동료 과학자들이 과묵함의 단위로
'디랙'을 정의해서 썼을 정도다.

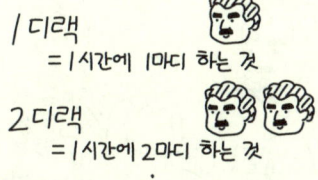

1 디랙
= 1시간에 1마디 하는 것

2 디랙
= 1시간에 2마디 하는 것

⋮

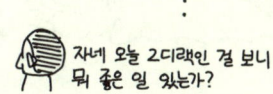

자네 오늘 2디랙인 걸 보니
뭐 좋은 일 있는가?

TJ Ted Yun

ㅁㅊㅋㅋㅋㅋㅋㅋ
ㅋㅋㅋ 동료 수준

여튼 이런 성격이다 보니 그는 여자 친구도 없었고
여자랑 거의 대화도 못했는데…

문상효
앙대자나?
어 작 작동이 안 돼.
작동시킬 수가
없어 Ang 대.

이원재
이런 일이 일어날 것
같은 조짐을 느꼈지.
하지만 행정관은
내 말을 듣지 않았어.

그래도 결혼은 했다.

이**
야 닥치고 있으면
진짜 결혼하나봐

정영훈
주길테다 자까님

유**
이게 결론이네!!
기승전솔로!

근데
우린
왜…?

디래도 하는데 우린 왜…?

끝.

덤) 디랙이 아내와 연애 시절 주고받은 편지를 보자.

"...내가 당신 외에 누굴 사랑할 수 있겠어요? 당신 정말 보고 싶은거 알아요? (...) 지금 내 기분이 어떤지 알아요? (...) 나를 좋아하긴 했나요?..."

— 디랙과 싸운 후 아내가 보낸 편지 中

디랙은 모든 질문에 대한 답을 표로 정리해서 보냈다고 한다 (...)

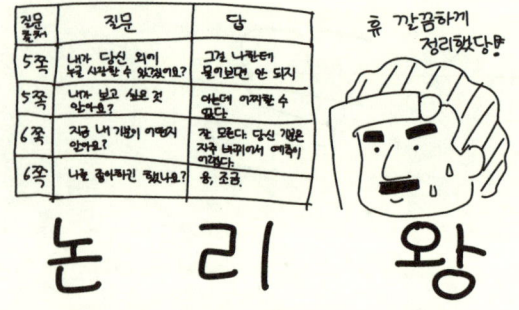

논 리 왕

야공만 개드립 같죠? 이 컷에는 1의 과장도 없습니다.

물론 혼났다.

아니 진짜 우리는 왜…?

애보단 낫지 않나요…?

덤2 | 디랙은 재미있는 일화가 유독 많다. 몇 가지만 소개해본다.

#1.

질문 있는 사람?

오른쪽 아래 수식이 이해가 안 갑니다.

김**
아아아... 교수님 ㅠㅠ
교수님 ㅠㅠ
우리 교수님이야 ㅠㅠ
그냥 보면 아는 건데?
ㅠㅠ 아아아 ㅠㅠㅠ

박**
미친.. 난 미물이야

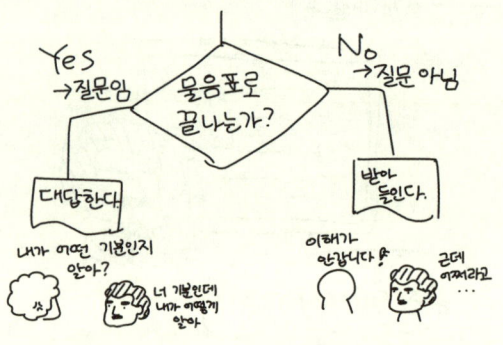

Gayeong Kim
수식으로만
사고하는 남자 ㅋㅋㅋㅋ

W**** C**
ㅂㄱㅋㅋㅋㅋㅋㅋ
컴퓨터인각 ㅋㅋㅋㅋ

박**
레알 전자두뇌ㅋ
ㅋㅋㅋㅋㅋㅋ

이분 튜링 테스트
통과 못할 듯 ...

심심이보다
인간미가 없음

김**
설명충: 튜링 테스트는
채팅 대화만으로 상대가
인간인지 아니면
심심이 같은 인공지능인지
판별하는 것입니다.
디랙이면 바로 인간이
아니라고 판정받을 듯ㅠㅠ

Jeon Doh
피아노도 잘 치고
등산도 자주 가시던...
신은 불공평함을 보여주신 분

#3. 디랙은 시에 대해 이런 말을 남겼다.
그야말로 뼛속까지 공대생 마인드다.

"과학은 어려운 사실을 쉬운 말로 모두가 이해할 수 있게 해준다. 반면 시는 모두가 아는 사실을 어려운 말로 아무도 이해할 수 없게 만든다."

김**
명언ㅋㅋㅋㅋㅋㅋ
ㅋㅋㅋㅋㅋㅋㅋㅋ

박**
문과 다 태그해라!!

이**
문과 vs 이과 선생선언급

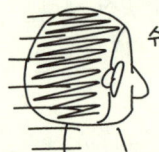

참고로 저는 시를
참 좋아합니다.

판사님 대사이
그랬어요…

분량 관계상

급 끝!

더 많은 일화/어록은
초록창을 찾아보세요!

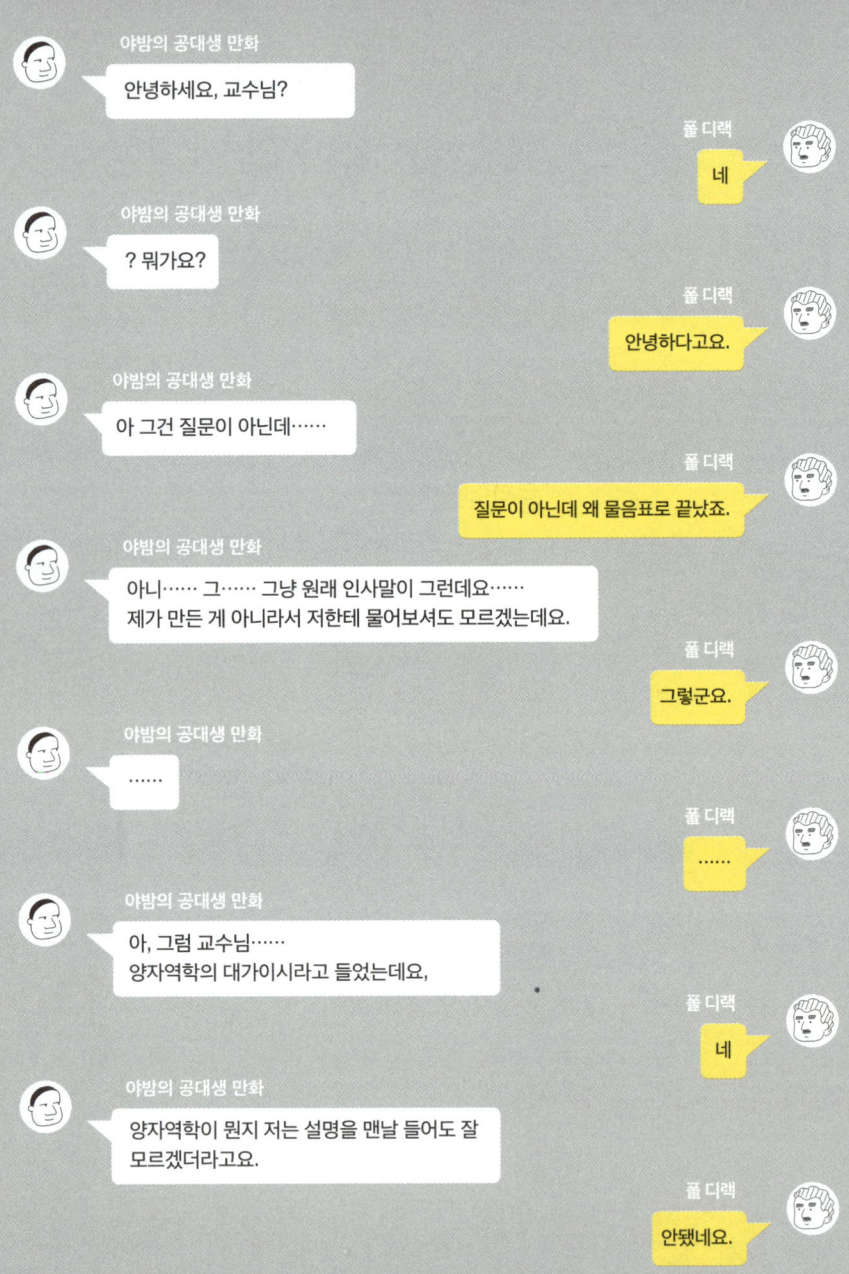

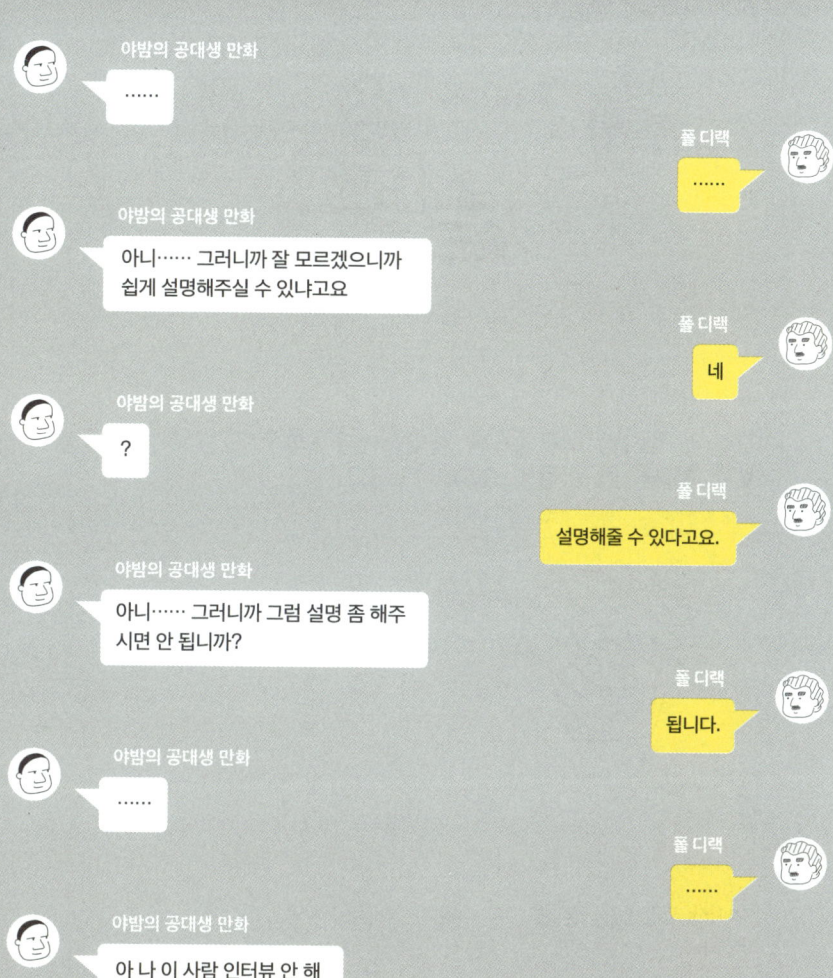

위대한 수학자들 중에는 혼자 연구하기를 선호
하는 사람들이 많았다.

다시보는_마이웨이_수학자들.jpg

그런데 협업을 너무 좋아해 약 500명의 수학자
들과 협업을 한 사람이 있었으니...

안**
뭔가 익숙해서
뭔지 고민했는데
ㅋㅋㅋㅋㅋㅋ
포켓몬 드립
ㅋㅋㅋㅋㅋㅋ

역사상 가장 많은 논문을 쓴 수학자 '에르되시 팔'
이다.

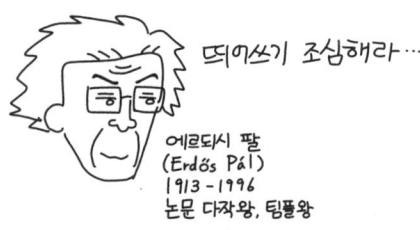

에르되시 팔
(Erdős Pál)
1913 - 1996
논문 다작왕, 팀플왕

*헝가리식 표기를 따랐습니다. 헝가리 이름은
성이 앞에 옵니다. (에르되시가 성)
영어식으로는 Paul Erdős로 표기됨

J******* B**
다분히 의도적인
네이밍 오더군여ㅎㅎ

김**
헝가리식으로 꼭 부른
이유가 있는 거
같은데요? ㅋㅋㅋ

작가 주: 댓글을 달아주신 분들이 많았지만 심의를 통과할 만한 댓글이 거의 없었습니다.

〈팀플 마스터〉

에르되시는 세 살 때 암산으로 세자릿수 곱셈이 가능한 천재였다.

김**
ㅋㅋㅋ나 머리 자르고 있는데 문제 숫자도 기억 못함 ㅋㅋㅋㅋ

권국원
이분 수학계가 16세기쯤 돼서 겨우 인정하는 음수를 네 살때 혼자 힘으로 발견함...

홍**
디그닥ㅋㅋㅋㅋㅋㅋ
ㅋㅋㅋㅋㅋㅋㅋㅋ

이희종
실제로는 두유워너
빌더 페이퍼가 아니라
"나의 두뇌는
열려 있습니다."
(My brain is open.)
라고 했다지요

박태환
특히 그레이엄이라는
수학자 집에 많이
얹혀 살았다고…

공동 논문을 하나 작성하고 홀연히 사라지곤 하였다.

이희종

그래서 에르되시가 남긴 말 중에 "다른 지붕에서는 다른 증명을" 이란 말도 있죠! 이건 어떤 명언의 패러디인데...

작가 주: Other cities, other maidens (다른 도시에서는 다른 여자를)인 듯

직업도 없는데 세계 여행할 돈은 다 어디서 났냐고?

여튼 이렇게 그는 정말 많은 수학자들과 공동 논문을 썼는데, 그와 논문을 공저하는 것은 물론 영광스러운 일이였고,

231

그와 논문을 공저한 사람과 논문을 공저하는 것이나,

그와 논문을 공저한 사람과 논문을 공저한 사람과 논문을 공저한 것도 나름 영광으로 여겨졌다.

Dennis Hong
케빈 베이컨?

김**
이쯤 되면 다단계

이렇게 수학계에는 '에르되시 수'라는 개념까지 생겨났다.

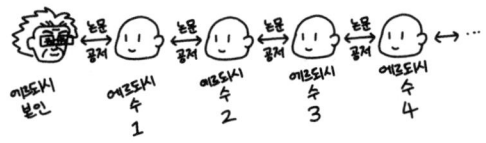

김**
뭔지 모르지만
싸이월드 할 때
일촌 이촌 삼촌
개념 같다...ㅋ...

에르되시 수가 낮은 것은 대단히 명예로운 일이어서, 심지어 에르되시 수를 사고파는 사람까지 나타났을 정돈데.

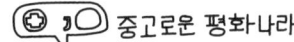
중고로운 평화나라

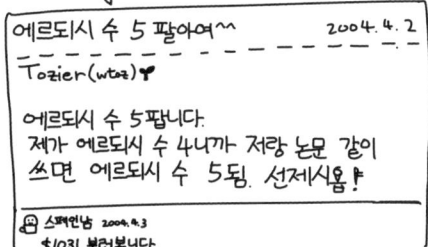

문상효
"제가 학생이라 그러는데 1000원에 안 되나요 ㅠㅠ"

그러나 이렇게 위대했던 수학자 에르되시는……

여친 한 번 있었다는 기록이 없다.

한**
협업 좋아하다 이렇게...

J**** H***
역시 세상은 공평했음

디랙
의문의
　　1승!

덤| 아까 말했듯이 eBay에서 에르되시 수 5를 팔던 수학자가 있었다.

붙일 것

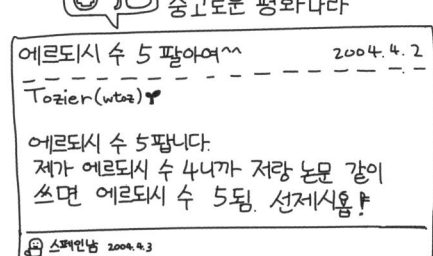

야공덕
선제시요ㅋㅋㅋㅋ
ㅋㅋㅋㅋㅋ

실제로 에르되시 수 5는 $1031이라는 거금에 낙찰됐는데…

낙찰자는 에르되시 수가 3이었다.

K*** P*
자랑하려고
1031달러
쓴 거야? ㅋㅋ

최**
크 참교육 하려고
거금 쓰는 교육인

박**
논리왕ㅋㅋㅋㅋㅋㅋㅋ
ㅋㅋㅋㅋㅋㅋㅋㅋㅋ
ㅋㅋㅋㅋㅋㅋㅋㅋㅋ

야공만
*드립 같지만 실화입니다

그의 이러한 힘의 원천은 다양한 약물이었다.
(거의 마약류)

A* J****
무슨 마약 하셨길래
이런 수학을...

박**
진짜로 약 빨고
수학을 하다니...

윤**
math 암페타민ㅋ
ㅋㅋㅋㅋㅋㅋ

한 번은 친구와의 내기로 한 달간 약을 끊은
적이 있었는데,

D**** Y*
여기서 나오는 친구는
그레이엄 수라는
수를 만든 수학자
Ronald Graham입니다

그는 내기에서는 이겼지만 한 달간 아무 연구도
할 수 없었고, 훗날 이렇게 말했다.

 한 달 동안 나는 연구 했는데…?

내 연구는 연구도 아니나

마약 하지 맙시다(?)

근데 에르도시는 약물을 먹어서 수학을 잘 했는데…?

덤3 | 에르되시의 유명한 명언

이준경
사실 그 친구도
듣보_수학자_1이 아니라
Alfred Renyi라는
굉장히 유명한 수학자...

김**
명언마저 협업하네

개인적으로 커피를 정리로 바꾸는 정도면 굉장히 괜찮다고 본다.

송창열
당신이 무심코 던진 팩트,
누군가에겐 폭력일 수 있습니다.

이희종
에르되시의 생애가
더 궁금하신 분들은
『우리 수학자 모두는
약간 미친 겁니다』
라는 책을 보세요 ㅠㅠ
남긴 말도 겁나 많고
일화도 정말 많고 특히
그의 마지막 순간이나
묘비명도 아주아주
인상 깊습니다...!!

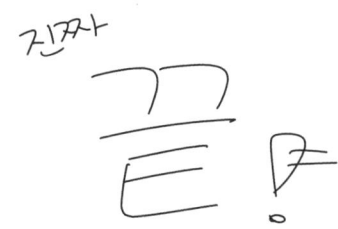

그룹채팅(야밤의 공대생 만화, 에르되시 팔)

야밤의 공대생 만화
이번에는 에르되시 선생님을 모셨습니다.

에르되시 팔
안녕하세요, 에르되시입니다.

야밤의 공대생 만화
선생님은 정말 여자 한 번 사귀어 보지 않으셨나요?

에르되시 팔
저는 붙잡히고 싶지 않았습니다. 한 주인의 노예가 되면 수학을 소홀히 하게 되고 죽을 위험도 있고요. 엡실론도 별로 좋아하지 않고……

야밤의 공대생 만화
……예? 지금 무슨 말씀 하시는지 모르겠습니다. 여자 이야기를 하고 있었는데요.

에르되시 팔
아, 죄송합니다. 저는 저만의 언어를 만들어서 쓰는데 무심코 제 언어를 쓰고 말았네요.

야밤의 공대생 만화
(이분도 정상은 아니군)

에르되시 팔
붙잡히다(capture)는 결혼한다는 뜻입니다. 반대로 해방되다(liberated)는 이혼한다는 뜻이고요.

야밤의 공대생 만화
결혼한 선배들이 그런 말 하는 건 많이 듣긴 했네요.

에르되시 팔
주인(boss)은 여자를 뜻하고요, 노예(slave)는 남자를 뜻합니다.

야밤의 공대생 만화
여자 한 번 안 만나보셨다면서 결혼 30년 차 같은 감성을 가지고 계시네요……

에르되시 팔
그리고 죽다(die)는 더 이상 수학을 하지 않는다는 의미입니다.

야밤의 공대생 만화
죄송합니다. 저는 죽었어요……

에르되시 팔

> 엡실론(epsilon)은 어린아이를 뜻합니다.
> (주: 엡실론은 수학에서 아주 작은 숫자를 나타내는 기호)

야밤의 공대생 만화

> 정말 특이한 분이시네요.
> 만드신 다른 단어들이 더 있나요?

에르되시 팔

> 예를 들어 술은 독(poison)이라고 부르고요,

야밤의 공대생 만화

> 제가 허구한 날 독을 그렇게
> 처먹어서 수학을 못하는군요……

에르되시 팔

> 음악은 소음(noise)이라고 부르고요,

야밤의 공대생 만화

> 제가 허구한 날 소음을 그렇게 들어서……

에르되시 팔

> 학생들에게 구술시험을 보게 하는 것은 고문한다(torture)라고 부릅니다.

야밤의 공대생 만화

> 드디어 제대로 된 단어가 나왔네요. 저 좀 그만 고문해
> 주세요 교수님……

에르되시 팔

> 그리고 하느님은 최고의 파시스트
> (Supreme Fascist)라고……

야밤의 공대생 만화

> 악악!!! 여기서 인터뷰를 마치겠습니다!!!
> 에르되시 교수님의 개인적인 의견일 뿐이며
> 야공만이 주장하는 바가 아닙니다!!!

(에르되시 팔 님이 강퇴당하셨습니다)

'보어의 원자 모형'으로 유명한 물리학자 닐스 보어

그는 천재 물리학자들 사이에서도 존경받는 거물이었으나 한 가지 콤플렉스가 있었으니…

엄청난 대두였다.

강**
아 나 물리학자나 할까

2차 세계대전이 터지자, 도망길에 오른 보어
(어머니가 유대인이었다)

비행기에는 무선 통신 헤드셋이 달린 헬멧이 있었는데,

헬멧은 대두 보어에게 너무 작았다.

결국 보어는 ...

기절한다. (조종사는 보어가 죽은 줄 알았다고...)

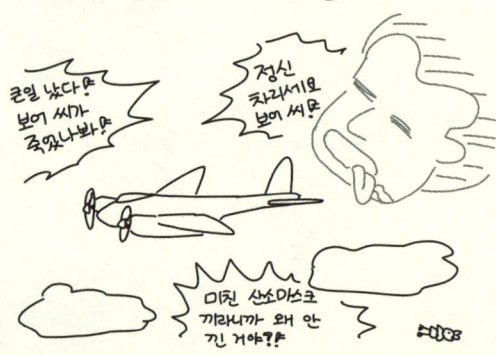

그래도 3시간 뒤 무사히 깨어났다고 한다.

대두가
이렇게
위험합니다(?)

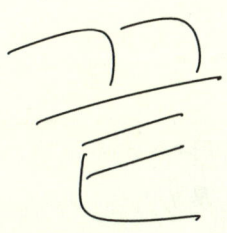

덴 보어의 동생은 축구 선수였다.

축구선수인 동시에
수학자ㅎㄷㄷ

그래서 보어는 덴마크 국왕한테 이런 소리를 들었다.

그러니까 여러분도 유명해지고 싶으면
공부를 멀리하고 축구를 하는 편이 낫습니다.

리우
　올림픽
　　화이팅(?)

끝.

덩리보어는 위대한 물리학자였지만,

이해력이 굉장히 떨어졌다.

영화를 볼 때도 항상 내용 이해를 잘 못했다고 한다.

그러니 우리 모두 포기하지 말자.

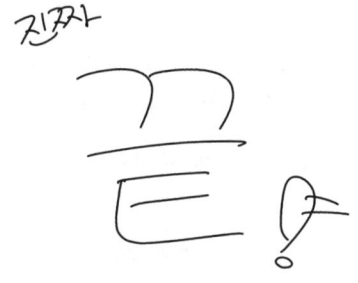

그룹채팅(야밤의 공대생 만화, 닐스 보어)

 야밤의 공대생 만화

이번에는 위대한 물리학자 보어 님을 모셨습니다.

업적이 많으시지만 아무래도 대중에게 가장 친숙한 업적은 '보어의 원자모형'일 것입니다. 그에 대해 좀 설명해주시겠어요?

닐스 보어

네. 원자는 원자핵과 전자라는 것으로 이루어져 있어요. 그런데 정확히 어떤 구조인지는 아무도 몰랐죠. 처음에 톰슨이라는 학자가 머핀에 건포도가 박힌 것처럼 커다란 원자핵 사이사이에 전자가 송송 박혀 있을 것이라고 제안했습니다.

 야밤의 공대생 만화

으 건포도 극혐

닐스 보어

근데 그게 아니었어요. 러더퍼드라는 학자가 그 이후에 실험을 했는데, 그 실험을 통해 원자핵이 머핀처럼 거대한 것이 아니라 원자의 핵심 부분에 작게 모여 있다는 것을 알아냈죠. 나머지는 대부분 빈 공간이고요.

그래서 그분은 원자핵이 가운데에 뭉쳐 있고 전자들이 그 주변을 빙글빙글 돌고 있다고 생각했습니다.

 야밤의 공대생 만화

마치 태양과 지구 같네요.

닐스 보어

네, 근데 그게 태양과 지구와는 근본적으로 다른 문제점이 있습니다. 지구는 그렇지 않지만 전자는 빙글빙글 돌면 전자파라는 것을 방출하는데요, 전자파가 땅 파면 공짜로 나오는 것이 아니지 않습니까?

전자파가 방출되는 만큼 힘을 잃어버리는데요, 그러다 보면 결국은 힘을 모두 잃고 추락해야 맞죠. 그런데 원자에서는 그런 일이 없단 말입니다.

또 하나의 문제는 전자가 원자핵과 떨어진 거리에 따라 에너지 값이 다른데요, 이걸 측정해보면 딱 정해진 몇 가지 값만 가진단 말입니다. 러더퍼드의 모형으로는 이 점이 설명이 안 됐어요.

 야밤의 공대생 만화

그래서 보어 님이 획기적인 해답을 내놓은 것인가요!!!

닐스 보어
그래서 제가 제안한 건, 전자는 몇 가지 정해진 궤도만 돌 수 있고요. 그 궤도 안에서 돌 때는 에너지를 잃지 않아요.

야밤의 공대생 만화
……정해진 궤도만 돌 수 있다고요……? 왜요???

닐스 보어
몰라요. 에너지가 몇 가지 정해진 값만 가질 수 있으려면 그래야 될 것 같았거든요.

야밤의 공대생 만화
왜 그렇죠?? 원자핵 주변에 트랙이라도 있나요?

닐스 보어
모릅니다.

야밤의 공대생 만화
그리고 궤도 안에서 돌 때는 왜 에너지를 잃지 않죠?? 아까는 전자는 돌면 무조건 전자파를 방출한다면서요?

닐스 보어
그것도 몰라요……

야밤의 공대생 만화
……그냥 그렇게 대충 찍어서 자연계의 비밀을 풀었단 말입니까?

닐스 보어
자연계의 비밀을 푼 건 아니고 사실 제 이론 틀렸는데요…

야밤의 공대생 만화
……심지어 틀린 이론이에요?

닐스 보어
예

야밤의 공대생 만화
……뭐야 그럼 왜 유명한 거야 이 이론

닐스 보어
되게 간단하고 이 이론을 이용하면 편리하게 많은 문제를 해결할 수 있거든요.

야밤의 공대생 만화
……결국 결과가 잘나오면 장땡이란 말인가……

⟨파울리와 스핀의 발견⟩

물리학자 파울리

↙ 전형적인 M자ㅠㅠ

볼프강 파울리
(Wolfgang Pauli)
1900 - 1958

박**
자라나라 머리머리!

그는 그 유명한 '파울리의 배타원리'를 발견하면서, 전자를 두 가지로 나누는 밝혀지지 않은 성질이 있음을 깨닫는다.

파울리의 배타원리는
고교 화2시간에
배울 수 있습니다!

이재요
교육과정 바뀐 지가
언젠데……

민**
여러분 대학 가고 싶으면
화2 하는 거 아닙니다!

주**
히이익...
반도체도...?

이**
상대성 이론도
배운다는데요

야공만
고등학교
다시 다녀야겠다!!

...진짜?

○○ 요샌 화1 에서 배움요
융합형과학 모름?

※요샌 고등학교에서 빅뱅도 배우고
반도체도 배운다네요...

...여튼 특정 경우에 전자가 두 가지로 나뉘는데, 그 기준을
알 수 없었다.

어떻게 표현할
방법이
없네...

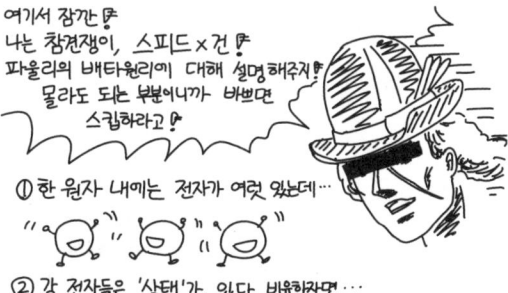

여기서 잠깐!
나는 참견쟁이, 스피드x건!
파울리의 배타원리에 대해 설명해주지!
몰라도 되는 부분이니까 바쁘면
스킵하라고!

① 한 원자 내에는 전자가 여럿 있는데...

② 각 전자들은 '상태'가 있다. 비유하자면...

난 1학년 1반
1번!

난 1학년 1반
2번!

난 2학년 1반
1번!

Doo Young Kim
전자 개귀엽ㅋㅋㅋ
ㅋㅋㅋㅋㅋㅋㅋㅋ

③ 이 '상태'는 서로 겹치면 안 된다.

④ 파울리가 이 규칙을 찾아서 '파울리의 배타원리'라 하였는데, 동시에 그 이론이 맞다면 전자를 구분 짓는 아직 알지 못하는 무언가가 더 있어야만 했다.

훔… 학년/반/번 만 가지고는 쟤네 둘이 구분이 안되네…

고마워요 스피드×건!

> Jeon Doh
> 나 처음 저거 배울 때
> beta 원리인 줄
> 알았다는…

이에 대해 랄프 크로니히라는 학자가 아이디어를 내놓는데,

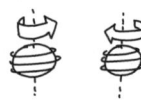

전자가 빙글빙글 돌고 있는 것 아닐까요?
그래서 도는 방향에 따라 두 가지로 나뉘는 것이죠!

랄프 크로니히
(Ralph Kronig)
1904-1995

> 한**
> 어 혹시 이 분
> 크로니히 페니 모델
> 만드신 그분인가요?
>
> 야공만
> 맞아요!!!!

이 말을 들은 우리의 독설가 파울리는…

PALMINEM

뭐? 전자가 돈다고?

시베리아 벌판에서 굴 까는 소리 하고 자빠졌네!

＊파울리는 유명한 독설가였습니다.

한마디로 그의 아이디어를 일축한다.

윤성현
응 아니야 ㅋㅋㅋ

크로니히는 결국 그 아이디어를 발표하지 않는다.

누구나 좋은 논문 주제를 가지고 있다.
교수님한테 겁나 털리기 전까지는.

몇 달 뒤, 두 명의 대학원생이 똑같은 내용을 발표한다.

그런데 그들의 연구는 학계의 찬사를 받는다.

야공덕
물잘알ㅋㅋㅋㅋㅋㅋ

그리고 그 연구를 본 파울리는…

해당 주장을 수학적으로 정리하여 논문을 낸다.

문상효
태세전환 보소 ㄷㄷㄷ

권혁수
우디르급 태세전환
ㅋㅋㅋㅋㅋㅋㅋㅋ
ㅋㅋㅋㅋㅋㅋㅋㅋ

이는 전자의 '스핀'이라 불리게 된다.
처음 고안한 건 윌렌벡과 하우트스미트, 수학적으로
공식화한 건 파울리로 역사에 기록된다.

← 크로니히

정지윤
ㅋㅋㅋㅋㅋㅋㅋㅋㅋㅋ
ㅋㅋ 불쌍한 크로니히

오늘의 교훈
: 남의 말 너무 신경 쓰지 말자.
목소리 큰 놈들이 뭘
알고 떠드는 게 아니다.

그래도 파울리는 뭘 좀 아는 분이긴 했는데…
…ㅠㅠ

끝

덤│30대 초반의 파울리. 심각한 정신적 문제를 겪고 정신과 의사를 찾아가는데…

그 정신과 의사가 바로 분석심리학의 아버지 카를 융이었다.

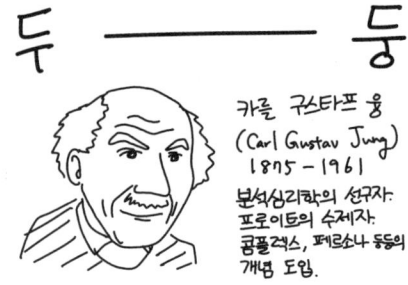

류**
이 마을이 스몰빌인가요?
뭔 슈퍼 히어로들이…

S****** M***
윈도우 업뎃 하러 갔는데
빌 게이츠가 앉아 있는 격

그런데 파울리는 여기서도 상담을 받던 중 습관(?)이 도져…

융과 많은 논쟁을 벌였는데 이는 융의 동시성 이론 (synchronicity)의 구상에 큰 영향을 미쳤다고 한다.

천재는
정신과에 치료
받으러 가서도
심리학의 발전에
기여하고 옵니다···

성찬제
에잇 재수 없는 천재들···

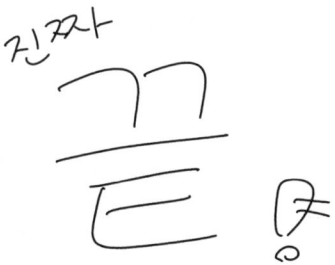

그룹채팅(야밤의 공대생 만화, 볼프강 파울리)

 야밤의 공대생 만화
안녕하세요, 파울리 선생님을 모셨습니다.

볼프강 파울리
안녕하세요, 파울리입니다.

 야밤의 공대생 만화
듣기로는 선생님께서 그렇게 성격이 꼬였고 말도 싸가지 없게 하신다고……

볼프강 파울리
욕 한 사발 듣고 싶지 않으면 다른 얘기 하시죠

 야밤의 공대생 만화
……네

파울리 선생님에 대해서는 업적 말고도 재미있는 이야기를 들었는데요. 파울리 효과라는 것이 있다면서요?

볼프강 파울리
예, 그냥 말하자면 재미있는 미신 같은 건데, 제가 주변에 있으면 실험 장비들이 자주 고장 나곤 해서 동료들이 그걸 파울리 효과라고 부르곤 했습니다.

 야밤의 공대생 만화
실험을 잘 못하시는 것도 아니고 그냥 주변에 있기만 해도 실험 장비들이 고장 난다고요?

볼프강 파울리
예. 보통 물리학자는 이론물리학자와 실험물리학자로 구분됩니다. 실험을 거의 하지 않는 이론물리학자들은 실험을 잘 못하는 경우가 꽤 있는데요, 저는 너무나도 훌륭한 이론물리학자이다 보니 실험을 못하는 경지를 떠나 존재만으로도 남의 실험 기구까지 망가뜨리는 것 같습니다.

 야밤의 공대생 만화
(뭔 개소리를 하는 거지……)

볼프강 파울리
못 믿으시는 것 같은데 진짜라니까요. 오토 슈테른이라는 물리학자는 저와 굉장히 친했는데, 자기 실험실에는 저를 절대 못 들어오게 했을 정도입니다.

  야밤의 공대생 만화
……그냥 혹시 손버릇이 안 좋으셨던 건 아니세요?

볼프강 파울리
프린스턴대학교에서는 제가 보는 앞에서 사이클로트론 장비가 망가지기도 했고요, 두 번째 아내와 신혼여행 갔을 때는 아무 이유 없이 자동차가 망가지기도 했습니다.

볼프강 파울리
심지어 친구들이 이런 저를 놀리려고 제가 들어오면 샹들리에가 부서지도록 장치를 해놓은 적도 있습니다. 그런데 제가 들어가자 친구들이 해놓은 장치가 고장 나고 말았죠.

야밤의 공대생 만화
자신을 놀리려고 만든 장치까지 고장 내버리다니…… 이 정도 되면 진짜인 것 같은데요?

볼프강 파울리
심지어 한 번은 값비싼 실험 장비가 고장이 났는데, 제가 여행을 떠난 상태였습니다. 그래서 친구들이 "적어도 이번엔 파울리 때문은 아니다!"라고 말하며 웃었다고 하는데요……

야밤의 공대생 만화
그런데요?

볼프강 파울리
나중에 알고 보니 그때 제 기차가 그 시각에 그 지역 근처에서 정차하고 있었던 것입니다! 모두들 이 사실을 알고 경악을 금치 못했죠. 어때요? 이래도 못 믿겠나요?

야밤의 공대생 만화
……제 아이패드 고장 나면 안 되니까 가까이 오지 마시죠

이론물리학자 리처드 파인만

그는 천재였을 뿐 아니라 뛰어난 유머 감각으로 일반인에게도 친숙한 과학자이다.

물론 '물리학자치고' 재미있다는 거니까 지나친 기대는 말자.

조**
노벨상만 받으면
야공님이 이김

야공만
네 졌습니다...

〈농담도 잘하시는 파인만 씨〉

#1. 파인만은 어릴 때 라디오를 헤집고 노는 게 취미였다.

J****** J****
ㅋㅋㅋㅋ
어린이 얼굴에
무슨 일이죠 대체
ㅋㅋㅋ

아공만
캐릭터 단일화의
문제점...ㅜㅜ

라디오의 원리를 터득한 그는 '생각만으로 라디오를 고치는 소년'으로 통했다고 한다.

내 눈을 바라봐
넌 라디오 고쳐지고

그의 전기 첫머리에 작가 제임스 글릭은 이렇게 적는데...

"물리학자는 두 그룹으로 나뉜다. 어릴 때 화학 실험 기구를 가지고 논 사람들과 어릴 때 라디오를 가지고 논 사람들."

K*** P*
저는 색종이 접던 공작파

난 졉나 게임 하고 놀았잖아?

난 안될 거야, 아마

윤**
팩폭 자제좀;

정**
초딩 때 피시방에서 디아블로2 하면서 놀았는데...ㅠ....

#2. 그는 16세에 미적분을 비롯한 고등 수학을 독학했고,

이**
오... 개편하겠다 저렇게 쓰면

K*** P*
저거 왜 도입 안 함

M****** K***
서술형에서 저리 쓰면 틀리다 하겠지

학부 때 『Physical Review』에 두 개의 논문을 실었으며,

김**
학부때
PRL 2개
ㄷㄷㄷㄷ

박**
파인만 씨
논문도 잘 쓰시네

나도 제발 논문 좀 붙었으면…

야공만 / 27세
논문 없음

프린스턴대학 대학원 입학시험 물리 과목에서 최초로 만점을 받았는데…,

"24세에 (…) 지구상에 이론물리학의 요소들을 그처럼 잘 다루는 물리학자는 없었다."
— 제임스 글릭

그냥 농담만 잘하는 아저씨 아니라능…

멘사에서 가입 제의가 오자 '나는 너무 머리가 나쁘다'며 가입을 거절했다.

제가 머리가 너무 나빠서…

주섬 주섬

일반쓰레기 10ℓ

*어릴 때 한 IQ측정 결과가 125였던 것이 핑계

#3. 2차 세계대전 때 그는 핵무기 개발에 관여했다.

그는 허술한 보안을 이용해 장난을 치거나 아내와 암호문을 주고 받고 놀곤 했는데,

그 덕(?)에 동료들에게 스파이로 의심받곤 했다.

"금고도 열고 다니고
자꾸 내 차를 빌려서
외박을 나간다.
스파이일 확률이 가장
높다."
 — 클라우스 푹스
(Klaus Fuchs)
동료 과학자

이아침
반전잼

윤**
마피아 게임
실전판ㅋㅋㅋㅋ

(근데 그놈이 스파이였다.)

*세상에 믿을 놈 없습니다.

#4. 그는 또한 강의가 재밌기로 유명한 교수이기도 했다.

Gayeong Kim
학생들도
제정신은 아닌 듯

D******* Y**
학부생 중심으로 한
강의였는데,
나중에는
동료 교수들이
들으러 왔다고...

그의 강의는 엮여 책으로 출판되었는데,

통칭
"빨간 책"

이런 거 아님

K*** P*
오른쪽 책 사고 싶다...

269

나는 사놓고 한 번도 안 봤다.

이진호
내 졸업논문과 레드북은
둘다 라면받침으로 쓰이므로
사실상 효용가치가
같다고 할 수 있다

야공만
저건 하드커버라서
굉장히 훌륭한
받침이라고요!!

*2016년 8월경에 301동 3층 쓰레기통 옆에서 거의 새거 주우셨으면 제 겁니다.

#5. 그는 1965년, 양자전기역학 연구로 노벨 물리학상을 받았다.

*실화

안 받고 싶어 했지만 할 수 없이 받았다.

J****** M***
이거 원래 안 받으려 했다 받은 이유가 노벨상으로 스포트라이트 받기 싫었는데 노벨상을 거절하면 더 스포트라이트를 받을 거란 말에 받았다고...

#6. 어느 날 친구와 지도를 보던 그는…

*투바공화국의 수도

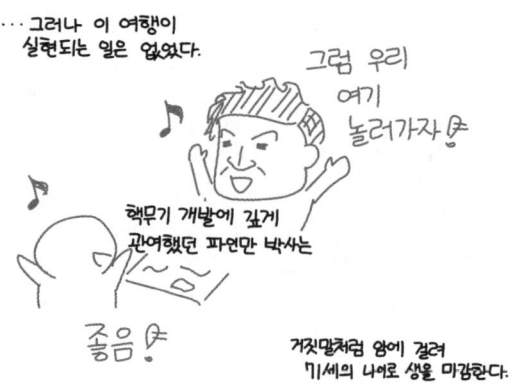

김건영
Кызыл(=Kyzyl). 키릴 문자 ы를 로마자로 옮길 때 보통 y를 쓰기는 하는데, 러시아어에서 ы는 엄연히 모음을 나타내는 문자입니다ㅎㅎ

야공만
제가 말한 거 아닙니다 파인만이 그랬어요!
(떠넘기기)

*I'd hate to die twice. It's so boring.

게임 하지 말고
라디오를
가지고 놉시다.

끝!

그는 일반인을 위한 양자전기역학 강의를 열기도 했다.

나는 쉽게 설명하지 못하면 제대로 이해하지 못한 것이라 생각해요

물론 들어도 뭔 소린지 하나도 모르겠다.

...쉽게 설명 한다며...

* 『일반인을 위한 파인만의 QED 강의』라는 이름으로 출판되었습니다.

야공만
닐스 보어의 명언
"당신이 양자역학을 이해하였다고 생각한다면 당신은 양자역학을 이해하지 못한 것이다."

이**
누구한텐 밥줄을
맘만 먹으면 풀어버릴
것처럼 말하네ㅋㅋㅋ

박윤찬
여동생이랑 셋이서
하면 됐잖아;

맨마|그래서 양자전기역학이 대체 뭐냐구?

그래서 하신 연구가 대체 뭐에요?

파인만의 전기에 나오는 유명 문구로 대체한다.

"내가 3분만에 너한테 설명할 수 있으면 그걸로 노벨상 받았겠냐."

* 어느 택시 기사가 알려준 답변

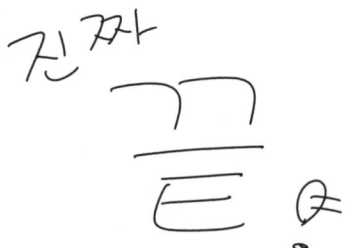

진짜 끝!

문상효

도합 250의 IQ로
완벽한 논문…이 나올 리가

그룹채팅(야밤의 공대생 만화, 리처드 파인만)

야밤의 공대생 만화
안녕하세요 파인만 씨

리처드 파인만
안녕하세요 파인만입니다.

야밤의 공대생 만화
무슨 연구를 하셨는지 설명 좀 부탁드립니다.

리처드 파인만
내가 그걸 3분 만에 설명할 수 있으면 노벨상 받았겠냐고요.

야밤의 공대생 만화
……그래도 맛만이라도 살짝 보여주세요.

리처드 파인만
네 뭐 그럼.
일찍이 빛과 파동, 전기와 자기에 관련된 이론으로는 맥스웰의 이론이 있었습니다. 전자와 원자의 움직임에 관해서는 양자역학이 있었고요.

 야밤의 공대생 만화
그 둘에 대해서는 대충 들어 본 적이 있습니다.

리처드 파인만
폴 디랙이 그 둘을 통합해 양자전기역학을 만들었는데, 이 이론을 통해 빛과 전자, 그리고 그 둘이 상호 작용하는 모든 상황을 다룰 수 있게 되었습니다.
제 연구는 이 양자전기역학에 대한 것입니다.

 야밤의 공대생 만화
오호, 그런 연구가 왜 필요하죠?

리처드 파인만
세상 만사는 매우 복잡하고 다양한 현상이 얽혀 있는 것 같지만 사실은 거의 다 앞서 말한 빛과 전자의 상호 작용으로 설명이 됩니다. 물체의 색, 물질이 얼마나 딱딱한지, 물건을 가열하면 얼마나 뜨거워지는지 등등, 이런 모든 현상은 전자와 관련이 있습니다.

 야밤의 공대생 만화
그럼 양자전기역학을 연구함으로써 그런 모든 현상들에 대해 알 수 있게 되는 건가요?

리처드 파인만
그렇습니다. 우리가 평상시에 겪는 거의 모든 일 중에 중력과 방사선만 빼고는 모두 설명할 수 있죠!

야밤의 공대생 만화
3분만에 하시는 연구를 설명하셨는데요?

 리처드 파인만
노벨상 반납해야겠네요.

 야밤의 공대생 만화
ㅋㅋㅋㅋㅋㅋㅋㅋㅋ

리처드 파인만
ㅋㅋㅋㅋㅋㅋㅋㅋㅋㅋ

 야밤의 공대생 만화
노벨상 하니까 생각이 났는데요, 노벨상 받기를 싫어하셨다고요.

리처드 파인만
예, 제 연구에 대해 알지도 못하는 사람들이 갖가지 질문을 던지고 귀찮게 할 것이 뻔했지요. 그런 건 질색입니다.

 야밤의 공대생 만화
그래서 안 받는 방법이 있는지도 알아 보셨나요?

리처드 파인만
네, 먼저 노벨상 선배인 디랙에게 물어봤는데, 자기도 알아 봤지만 안 받는 방법이 없다면서 그냥 받으라더라고요. 그래서 기자한테도 물어봤는데, 노벨상을 거부하면 더 큰 파장이 일어나서 제가 더 귀찮아질거라고…… 그래서 결국 받았습니다.

 야밤의 공대생 만화
노벨상을 받는 일이 그렇게까지 설득해야 하는 거였다니……

리처드 파인만
저랑 공동 수상자였던 도모나가 신이치로는 욕실에서 넘어져서 다쳐서 시상식에 못 와서 기뻐했습니다. 정말 부러운 친구죠!

 야밤의 공대생 만화
그렇게 받기 싫으시면 세 분 다 노벨상 저 주세요……

그것이 실제로 일어났습니다

난제를 해결한 천재들

$a^2+b^2=c^2$을 만족시키는 자연수 a, b, c가 존재할까?
존재한다. 예를 들면 3, 4, 5가 그러하다.

그렇다면 $a^3+b^3=c^3$의 경우는 어떠할까?

이러한 문제에 대해 피에르 드 페르마는 1637년 경 다음과 같은 글을 남긴다.

"$a^n+b^n=c^n$은 $n>2$인 자연수일 때 자명하지 않은 정수 해 (a, b, c)가 존재하지 않는다. 나는 이에 대한 놀라운 증명을 발견했다…"

피에르 드 페르마
(Pierre de Fermat)
1601-1665

그리고 이 한마디로 인해 기나긴 전쟁이 시작된다.

"하지만 여백이 모자라 (풀이는) 적지 않는다."

제작지원

최**
까페베베ㅋㅋㅋㅋㅋ
ㅋㅋㅋㅋㅋ

⟨페르마의 마지막 정리⟩

페르마가 했다는 이 증명은 언뜻 매우 단순해 보였지만…

생각보다 훨씬 더 어려웠다.

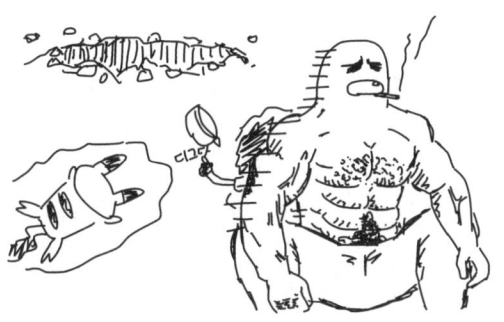

김**
피카츄 들고
디그다한테
덤비니까 그렇지……

수많은 학자들이 도전했으나 모두 실패하였고…

정충부
ㅋㅋㅋㅋㅋㅋㅋㅋ
ㅋㅋㅋㅋㅋㅋㅋㅋ
ㅋㅋㅋㅋㅋㅋㅋㅋ

이***
ㅋㅋㅋㅋㅋ채연의
레전드 짤ㅋㅋㅋ

첫 성과가 나오기까지 133년이 걸린다.

레온하르트 오일러
(Leonhard Euler)
1707-1783
⟨위대한 수학자 오일러⟩ 편 참조

김**
공대생에게
고통을 주는
오일러 씨

뒤이어 몇십 년에 한 번씩 성과가 있긴 하지만…

아드리앵마리 르장드르
(Adrien-Marie Legendre)
1752-1833

가브리엘 라메
(Gabriel Lamé)
1795-1870

이런 식으로 해서
어느 세월에 모든 n에 대해서…

이**
억ㅋㅋㅋㅋ
저 르장드르가
그 르장드르*
인가요ㅋㅋㅋ

얽**
근데 왜 홀수만..?

야공만
n이 소수인 경우만
증명하면 충분하기
때문입니다…
(증명 생략)

*작가 주: 르장드르 방정식이라고 공대 가면 배우는 방정식을 만든 사람임

이렇게 지지부진하던 연구에 큰 성과를 가져온 것은 당시로선 놀랍게도 여성 수학자였다.

이**
얼ㅋㅋㅋㅋㅋㅋㅋ
저 197이라는 게 대체
어떻게 정해진 건지
가늠도 안 되네요

그녀는 한 번에 상당히 많은 n에 대한 증명을 성공한다. (실질적으로 n<197까지 증명)

김**
왜 나도 이과였는데
모르지?

야공만
저도 이관데 몰라요...

더 나아가 에른스트 쿠머는 n이 모든 정규소수일 때의 증명을 성공하지만…

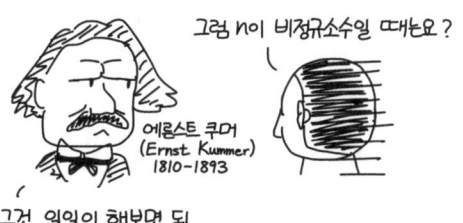

＊정규소수, 비정규소수가 무엇인지는
가까운 이과생에게 문의하세요

그 후 다시 침체기가 찾아온다.

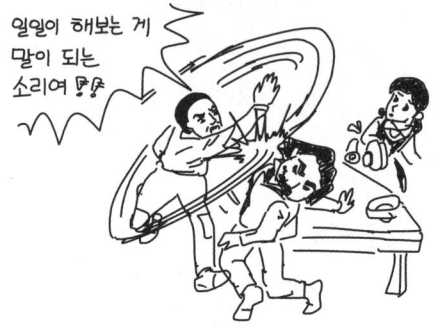

사람들은 컴퓨터에 의존하기 시작하는데···

컴퓨터는 아직 증명을 이런 식으로밖에 못하는지라 큰 도움이 되진 않는다.

침체기를 벗어나고자 상금을 내거는 이들도 있었는데…

"페르마의 마지막 정리를 증명하는 자에게 100,000 마르크 (약 20억 원) 를 수여한다."

파울 프리드리히 볼프스켈
(Paul Friedrich Wolfskehl)
1856 - 1906

엄청난 양의 잘못된 증명을 양산할 뿐이었다.

그만 도전해 이것들아!

*잘못된 증명을 모은 것이 3미터에 달했다 함

이희종

사실 타니야마 시무라 추측과 페르마의 마지막 정리의 연관성을 제시한 건 프라이지만 그 논증은 결함이 있었답니다. 당시 프라이의 학회 발표에서 이를 확인한 학자들은 눈썹이 휘날리도록 복사실로 달려가 논문을 복사해 프라이의 논증을 완성하려 했지만 결국은 1년이란 시간이 걸려 켄 리벳(Kenneth Ribet)이 증명에 성공했죠

그러던 중 새로운 돌파구가 열렸다.

"타니야마-베유-시무라 추측을 증명하면 페르마의 정리도 같이 증명된다."

게르하르트 프라이
(Gerhard Frey)
1944 -

올?

문제는 이 '타니야마-베유-시무라 추측'이 사실상 증명이 불가능해 보이는 내용이라는 것이었는데…

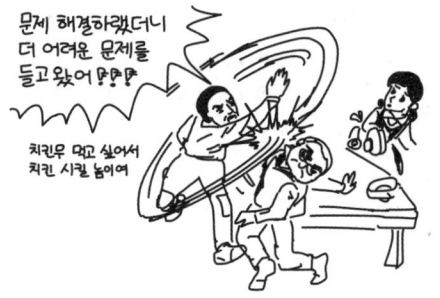

박**
치킨 무 먹고 싶어서
치킨 시킬 놈이래ㅋㅋ
ㅋㅋㅋㅋㅋㅋㅋㅋ
ㅋㅋㅋㅋㅋㅋㅋㅋ

그런데 그것이 실제로 일어났다.

최**
24인 텐트
ㅋㅋㅋㅋㅋㅋ

혜성처럼 나타나 증명에 성공한 사람은 앤드루 와일스

김**
샹크슨줄

와일스는 남몰래 6년 이상 혼자 연구한 끝에 마침내
증명에 성공하였는데,

헤헷...
혼자 힘으로 할 거야...

그의 증명은 150장 이상이었으며 매우 복잡하고
어려운 현대 수학의 내용들을 담고 있었다.

근데 이걸 너가 했다고?

여백이 겁나 모자랐겠지
150페이지 정도 모자랐겠지

그리고 혼자 연구하다 보니 시간이 너무 오래 걸려버린
와일스는 필즈상을 받지 못한다.

↳ 나이 제한
40세)

J*** *** B***

결국 필즈상에 준하는
특별상인 기념 은판을
수여받았으며 필즈상
역대 수상자 명단에도
(정규 수상자는 아니지만)
당당히 이름이
올라있습니다 ^^

← 41세

NO

그리고 불프스켈이 내건 상금도 1/3이 돼 있었다.
(인플레이션 때문에)

그러니
인생 너무
혼자 살려고
하지 말자(?)

J** L**
교훈이ㅋㅋㅋㅋㅋㅋ
ㅋㅋㅋㅋㅋㅋㅋㅋ
ㅋㅋㅋㅋㅋㅋㅋㅋ

1993년 중반 무렵, 와일스는 자신의 결과에 대해서 충분히 확신할 수 있었다. 와일스는 6월 21일에서 6월 23일까지 아이작 뉴턴 수리과학 협회에서 3번의 강의를 통해서, 자신의 연구 결과를 발표하였다. 특히 불완전한 타원곡선에 대한 타니야마-베유-시무라 추측의 증명을 제시하면서, 타원함수 추측에 대한 리벳의 증명을 함께 도입해서 페르마의 마지막 정리를 증명하였다. 헝가리의 저명한 수학자인 에르되시 팔은 다른 사람들과 협력해서 풀면 더 쉽게 풀었을 텐데, 왜 굳이 혼자서 풀려고 했는지 이해가 안 간다면서 비판했다.

←41세
No

그룹채팅(야밤의 공대생 만화, 앤드루 와일스)

 야밤의 공대생 만화
안녕하세요, 페르마의 마지막 정리를 증명한 앤드루 와일스 선생님을 모셨습니다.

앤드루 와일스
안녕하세요, 앤드루 와일스입니다.

 야밤의 공대생 만화
만화에서는 재미를 위해 마지막에 슬픈 엔딩(?)을 지었지만 사실 와일스 선생님의 업적은 정말 대단한 것이었는데요, 페르마의 마지막 정리에 어쩌다 관심을 가지게 되셨나요?

앤드루 와일스
10살 때, 학교에서 돌아오는 길에 도서관에서 페르마의 마지막 정리를 보았습니다. 10살인 저도 이해할 수 있을 정도로 단순한 내용이었죠. 이렇게 단순한 내용을 아무도 증명하지 못했다는 것이 매력적으로 느껴졌습니다.

 야밤의 공대생 만화
저였으면 만화책만 봤을 것 같은데 수학책을 봤다는 것부터 싹수가 다르네요.

앤드루 와일스
그런데 10살인 저로서는 풀 수 없더군요. 그렇게 잊고 지내다 다시 관심을 가지기 시작한 게 서른세 살 때입니다.

 야밤의 공대생 만화
만화에 나왔듯이 타니야마-베유-시무라 추측이 증명되면 페르마의 마지막 정리가 증명된다는 것이 알려졌을 무렵이군요?

앤드루 와일스
예. 페르마의 마지막 정리를 증명할 수 있는 방법이 다시 보인 것이죠. 저는 당장 관련 연구에 착수했습니다.

 야밤의 공대생 만화
그렇지만 다른 학자들은 회의적이었다고 하던데요.

앤드루 와일스
타니야마-베유-시무라 추측은 모듈러성 정리라고도 부르는데요, 많은 사람들은 이게 아예 증명이 불가능할 것이라고 생각했습니다. 저는 증명이 가능하다고 믿었던 몇 안 되는 사람 중 한 명이라는 평을 들을 정도였으니까요.

 야밤의 공대생 만화
그렇지만 와일스 선생님은 포기하지 않으셨군요.

앤드루 와일스
네. 제 어릴 적 꿈이었으니까요. 6년 동안 연구에 매달렸습니다. 그런데 제 연구가 알려지는 것이 여러모로 무서웠어요. 다른 사람이 제 업적을 가로채 갈 것이 두려웠죠. 그래서 비밀리에 연구를 진행했습니다.

6년이나 비밀 연구를 진행하시다니 상당히 고독하셨겠는데요.

앤드루 와일스
예, 아내 말고는 아무에게도 알리지 않았습니다. 그야말로 골방 수학자였던 셈이죠.

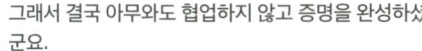
그래서 결국 아무와도 협업하지 않고 증명을 완성하셨군요.

앤드루 와일스
완전히 혼자 한 것은 아니에요. 최초로 공개했던 증명에는 오류가 있었어요. 그걸 해결하는 데 1년 정도 걸렸는데, 그때는 동료와 함께 연구했습니다. 어쨌든 7년 정도 되는 시간의 대부분을 혼자 연구한 것은 맞죠.

아슬아슬하게 40세를 넘겨서 필즈상을 못 받으셨는데, 처음부터 협업했으면 7년보다 덜 걸리지 않았을까요?

앤드루 와일스
필즈상은 못 받았지만 협회에서 필즈상에 버금가는 특별상을 받았습니다. 그리고 제가 이룬 학문이 중요한 것이지 상 이름이 중요한 건 아니니까요.

수학자이자 식물학자 프랜시스 거스리

그는 1852년, 영국의 지도를 칠하다가 쓸데없는(?) 궁금증을 품는다.

박**
이런 궁금증은 도대체
왜 생기는 걸까

그리고 이 문제는 100년 넘게 풀리지 않는 난제가 된다.

윤진곤
이렇게 수학자의
한 마디는 여러 사람을
골로 보낼 수 있습니다

〈4개의 색이면 충분한 것으로 보인다〉

(*요약)

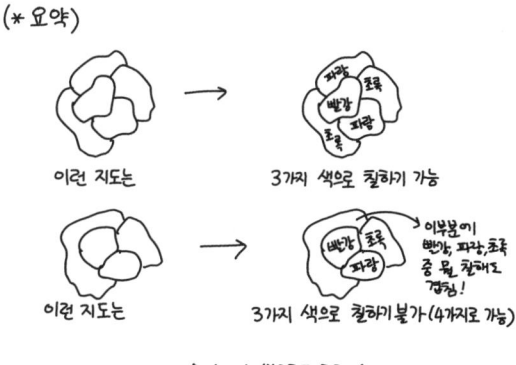

⇒ 4가지 색으로도 칠할 수 없는 지도도 있을까?

프랜시스의 동생은 이 문제를 자신의 교수였던 드 모르간에게 가져간다.

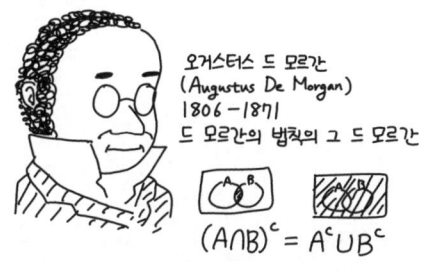

오거스터스 드 모르간
(Augustus De Morgan)
1806–1871
드 모르간의 법칙의 그 드 모르간

$(A \cap B)^c = A^c \cup B^c$

그러나 드 모르간은 제대로 된 증명은 하지 못한다.

고한찬
당연히ㅋㅋㅋㅋㅋㅋㅋㅋ
ㅋㅋㅋㅋㅋㅋㅋㅋ
우리 물리 교수님...
학부 시절 수학 증명 문제에
"자명하다" 적었다가
0점...ㅋㅋㅋㅋㅋㅋ

이렇게 세상으로 나오게 된 이 문제는 얼핏 굉장히
쉬워 보였지만,

의외로 어려웠다.

마침내 1879년, 앨프리드 켐프는 독창적인 풀이법을 제시하는데……,

그의 풀이는 약 10년 만에 오류가 발견된다.

켐프의 오류를 발견한 히우드는 대신 '5색 정리'를 증명한다.

정**
대신귀
여운오
색정리
를증명
합니다

여튼 켐프는 특정 경우를 제외한 많은 종류의 지도에 대해서는 증명에 성공했다.

예를 들어 지도상의 모든 나라가 이렇게 다섯 나라 이상과 인접한 부분이 있다거나 여럿 때 증명이 일부 안 됨

Jeon Doh
그만큼 국경분쟁이 무서운 겁니다.

어렸듯 켐프의 오류는 증명의 마지막 부분에만 살짝(?) 있었기에 금방 해결이 되려나 했지만,

마지막 부분만 고치면 되는 거 아냐? 이쪽은 앉은자리에서 그냥…

그렇지도 않았다.

달인

Q. 16년 동안 자리에서 일어나지 않으신 계기가 뭡니까?
너 아직도 안 꺼졌냐?

증명이 잘 되지 않자, 무식한 방법도 등장한다.

D******* L**
이거 나인 줄

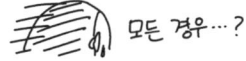

켐프가 증명하지 못한 특정 경우를 훨~씬 자세하게 나누어서 일일이 확인해보자는 것이었는데,

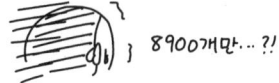

헤슈는 컴퓨터를 이용해서 그 아이디어를 시도하지만…

그러나 그 시대의 컴퓨터는 너무 느렸다.

황연주
방심하다 빵터짐ㅋㅋㅋ
ㅋㅋㅋㅋㅋㅋㅋㅋ

Gayeong Kim
날쌘돌이 플래쉬!

송**
맙소사ㅋㅋㅋㅋㅋ
ㅋㅌㅌㅌㅋㅋㅋㅋ

수학자 하켄은 이를 해결할 아이디어가 있었는데…

조금 쉬면서 더 빠른 컴퓨터를 기다리는 것이었다.

강**
라이언ㅋㅋㅋㅋㅋㅋ
ㅋㅋㅋㅋㅋㅋㅋㅋㅋ

김**
이 미친 방법은 뭐냐ㅋㅋ
ㅋㅋㅋㅋㅋㅋㅋㅋㅋ

몇년 뒤, 그는 더 강한 컴퓨터를 가지고 수학자 아펠과 본격적인 작업에 들어간다.

그들은 직접 해봐야 할 경우의 수를 약 2000개 정도로 줄였고,

야공만
최근 연구에서는
633개인가로
했습니다

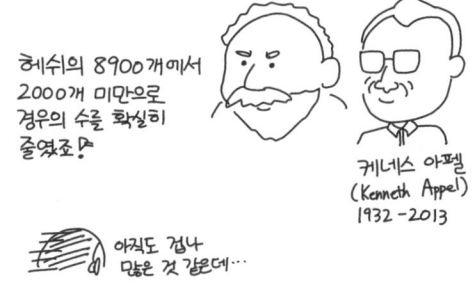

이 약 2000개의 경우에 대해 컴퓨터가 1000시간동안 확인한 끝에…

1976년, 마침내 4색정리 증명에 성공한다.

"세부적으로 검토해보아야 하지만,
4개의 색이면 충분한 것으로 보인다."
　　　- 학과 칠판에 아펠이 적은 공지

그들의 결과는 10000개의 그림을 포함했고 출력 시 1m가 넘었으며, 요약만 100페이지였다.

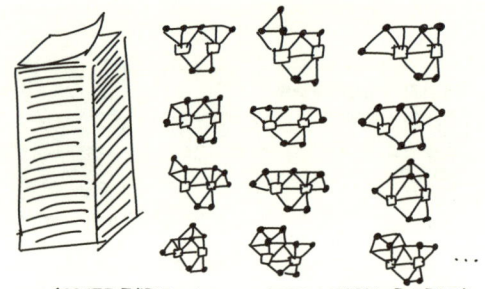

(그래프로 추상화된 약 2000개의 지도가 대부분을 차지했다.)

정**
수학 시험
그림 그려서 풀면
비웃는데 이건
왜 당당하지
ㅋㅋㅋㅋㅋㅋ

이렇게…

하켄

최초로 컴퓨터가 수학적 증명을 이루어낸 것이다.

노**
증명에 소울ㅋㅋㅋㅋㅋ

야공만
사실 컴퓨터가 맞게 했는지 어떻게 아냐는 말은 나름 타당한 이야기입니다. 컴퓨터가 오작동했을 수도 있으니까... 다만 후대에도 비슷한 연구를 다른 사람들이 했는데 같은 결과가 나온 걸로 봐서 맞는 것 같긴 하지만요...

곽**
헥사코어 자식

윤**
2명은 밥 하고 있는 거죠?

한**
아들들도 잘나가는
교수님들이 됨..

엄준식
결혼해서 자식 낳는 게
희대의 난제인데
순환 논리 오류네요.

김**
그런데 그것이 실제로
일어나기도 합니다.
ㅡ아들 셋 아빠

덤2) 컴퓨터가 증명한 내용의 일부분은 사람이 직접 검토해보았는데, 이 노가다성 짙은 작업은 하켄의 자식들이 했다.

일해라 자식들아!

쭈륵

※하켄은 자식이 6명이었다.

오늘의 교훈
: 아이가 많으면
  난제 해결에 유리합니다.

출산은 국력!

진짜
끝!

그룹채팅(야밤의 공대생 만화, 볼프강 하켄)

 야밤의 공대생 만화
안녕하세요, 하켄 선생님.

볼프강 하켄
안녕하세요, 하켄입니다.

 야밤의 공대생 만화
최초로 4색 정리 증명에 성공하셨다고 하던데, 결국 컴퓨터로 경우의 수를 무식하게 다 돌려보신 건가요?

볼프강 하켄
아닙니다. 다들 컴퓨터로 했다니까 그런 것으로 오해하시더라고요. 사실 굉장히 수학적으로도 복잡한 증명입니다. 가능한 경우의 수가 무한한데, 당연히 그걸 다 돌려볼 수는 없죠.

 야밤의 공대생 만화
그럼 컴퓨터로 뭘 어떻게 하셨다는 거죠?

볼프강 하켄
아주 간략하게 설명하자면, 수학 증명에서 왜 그런 경우 있잖아요? 모든 자연수 n에 대해서 증명해야 될 때, n이 홀수일 때와 n이 짝수일 때, 두 가지 경우로 나눠서 증명한다든가……

 야밤의 공대생 만화
아…… 가끔 그렇게 하는 증명들이 있죠.

볼프강 하켄
그런 식으로 4색 정리도 경우를 나눠서 증명하는 것이 좋거든요. 만화에 나온 앨프리드 켐프는 경우를 5가지로 나눠서 증명을 시도했어요.

 야밤의 공대생 만화
그런데 켐프의 증명은 틀렸다면서요?

볼프강 하켄
예, 앞의 4가지 경우에 대한 증명은 완벽했는데, 마지막 5번째의 경우에 대한 증명이 약간 틀려서 저희가 다시 연구해보니까 5가지로 나눠서 증명하는 것이 아니라 약 2000가지 좀 안 되는 정도로 나눠서 증명해야 하더라고요.

 야밤의 공대생 만화
……? 좀 과하게 많은데요?

볼프강 하켄

그래서 컴퓨터를 이용한 겁니다. 1000개가 넘는 경우의 수를 사람이 다 증명할 수 없었거든요. 어쨌든 앞에서 말한 n이 홀수일 때, n이 짝수일 때 이렇게 나눠서 증명하는 것이 문제라고 하는 사람은 없잖아요? 우리는 그 경우의 수가 조금 많을 뿐입니다. 전혀 무식한 방법이 아니에요.

 야밤의 공대생 만화

……그렇다고 치고, 그럼 그 1000개 넘는 경우의 수에 대해 컴퓨터가 어떻게 증명했죠?

 볼프강 하켄

아, 그건 또 다양한 이론들이 있었는데 자세히 설명하기는 좀 그렇고, 여튼 그런 이론들을 기반으로 프로그램을 짜서 일일이 돌려보면……

 야밤의 공대생 만화

(……아무리 들어도 무식하게 다 해봤다는 것처럼 들리는데……)

볼프강 하켄

꼬우면 너가 직접 증명하세요.

 야밤의 공대생 만화

죄송합니다. 아닙니다. 하켄 님 최고!!

풀리지 않은 난제들이 많은 세상.

| 김현종
+내 주머니 속
이어폰이
꼬이는 과정

이**
일해라 토가시

유**
토해라 일가시!

클레이 수학연구소(CMI)는 중요한 난제 7개를 골라
'밀레니엄 문제'로 명명한다.

- P-NP 문제
- 호지 추측
- 푸앵카레 추측
- 리만 가설
- 양-밀스 질량 간극 가설
- 나비에-스토크스 방정식
- 버치-스위너턴다이어 추측

오늘의 이야기는 그 중 유일하게 함락당한···

'푸앵카레 추측'에 대한 이야기이다.

이**
요코하마 미쓰테루
전략삼국지 관우의
오관참장편에서
관우에게 썰리는 역할인
진기 패러디입니다.
연의에서는 하후돈의
친척으로 설정되어
관우 vs 하후돈의 일기토를
성립하게 만드는
훌륭한 엑스트라이죠.

⟨푸앵카레 추측의 증명⟩

여기서 잠깐!
나는 참견쟁이, 스피드 × 건!
푸앵카레 추측에 대해 설명해주지!
몰라도 되는 부분이니까 바쁘면
스킵하라고!

① 위상수학에서는 구부리고 늘이는 등의 변형을
가해서 얻을 수 있는 도형은 서로 같은 것으로 본다.

○ = □ = △

찰흙이라 생각하면 주물럭거려서 이런저런 모양을 만들 수 있다.

박**
이 부분에서
이해는 포기했다

② 얘네는 서로 다르다.

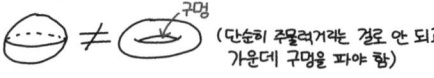

③ ◯모양인지 ◯모양인지 아는 방법은, 표면을 따라 임의로 실을 두른 다음 살살 당겨보면 된다.

④ 방금은 2차원(◯나 ◯의 표면은 2차원이므로)의 경우에 대한 이야기였는데, 3차원의 경우에도 똑같은 논지가 성립하는가? 가 푸앵카레 추측의 요지이다.

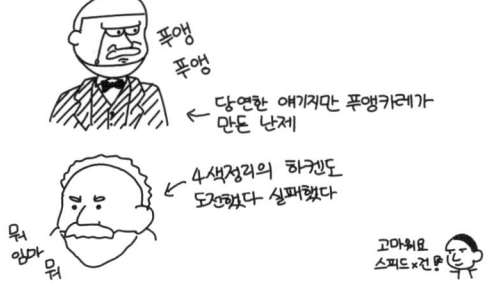

K** K**
야공만 작가님이 수학이나 과학 선생님이었으면 이과 갔을 텐데

이**
푸앵푸앵

장**
푸앵푸앵

박**
푸앵푸앵

은둔형 수학자였던 그리고리 페렐만

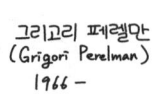

서**
동굴에서 살다 왔나

그는 2002년, 인터넷 논문 저장고 사이트 arXiv.org 에 한 논문을 올린다.

강**
생각보다 최신이라 당황

처음에 사람들은 반신반의했지만…

증명은 완벽했다.

(서로 다른 연구진이 약 3년에 걸쳐 검증)

김**
검색어: 박동빈 주스

페렐만은 일약 스타가 된다.

이**
밀레니엄 문제가...
진다...

윤성호
ㅇㅇ 자고로 은둔자라면
컴퓨터 의자 위에
두 다리를 저렇게
올려줘야 제 맛이
나지ㅇㅇ

그런데 그는 놀랍게도…

"나는 돈이나 명성에 관심이 없다.
나는 동물원의 동물처럼 구경거리가 되고 싶지 않다."

이 모든 명예를 거절한다.

정지윤
ㅋㅋㅋㅋㅋㅋㅋㅋㅋㅋ
ㅋㅋㅋ 좋은 상금 전하러
왔습니다 ㅋㅋㅋㅋㅋ

보상을 바라지 않고 순수히 수학만을 사랑한 페렐만. 그야말로 진정한 수학자가 아니었을까?

"만약 증명이 맞다면, 다른 것은 필요 없다."
-페렐만

훈훈한 엔딩~

그럴 거면 상금 백만 달러 나 주지…

난 돈이랑 명성에 관심 많은데…

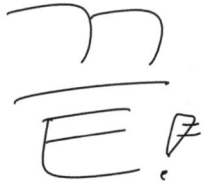

끝!

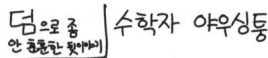

수학자 야우싱퉁

야우싱퉁
(丘成桐, Shing-Tung Yau)
1949 —
현직 하버드대 교수,
필즈상 수상자 (1982)
스티븐 호킹 절친

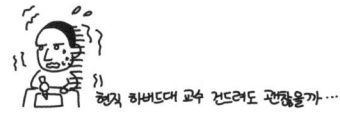

현직 하버드대 교수 건드려도 괜찮을까…

그와 그의 제자들은 푸앵카레 추측을 증명함으로써
수학계에서 중국의 위상을 드높이고자 했는데…,

중국이 수학의
선봉에 서는 계기가
될 거야!

부웅

실패한다.

결국 그는 어떤(?) 선택을 하고 마는데…,

페렐만의 풀이는 (천재들이 늘 그렇듯) 지나치게 설명이 부족했는데,

Gayeong Kim
뭐든 자명함 ㅋㅋㅋ
ㅋㅋㅋㅋㅋㅋㅋ

야우싱통은 그를 이유 삼아 그의 논문이 불완전하다며, 제자들에게 푸앵카레 추측의 '완벽한 증명'이라는 논문을 내게 한다.

"페렐만의 논문의 많은 부분을
 이해할 수 없었기에 새로운 방법으로
 대체했다."
"푸앵카레 추측의 완벽한 증명"
"이 논문은 최고의 성과
 (crowning achievement)"

심지어 그들의 논문은 심사도 없이 학회지에 실리는 등 야우싱통의 인맥을 통해 빠르게 퍼져나가는데…

손**
하늘형님 디테일
ㅋㅋㅋㅋㅋㅋ

윤**
ㅋㅋㅋㅋ페이퍼스타
ㅋㅋㅋㅋㅋ디테일

페렐만과 학계 각층은 분노하지만…

강**
김혜수일까

노**
어디 재취직했다는 걸
본 적이 있는 거 같은데...

조**
엄마랑 버섯 농사를
하고 있던 거로
알고 있는데...

최**
동네 애들
수학 가르친다고
들었는데

오늘의 교훈
: 이래서 사람이
　　하버드대 교수가
　　　되어야 합니다?

판사님
　이번 화는
　　고양이가
　　　그렸습니다…

나 쫌 무서움…

J******* K**
그런 거 같습니다.
제가 본 거 같음…;;

끝

2002년 11월 페렐만은 arXiv에 3차원 다양체의 기하화 추측 및 푸앵카레 추측을 증명하는 일련의 논문을 발표하였다. 푸앵카레 추측은 1904년 프랑스의 수학자 앙리 푸앵카레에 의해서 제기된 추측이며, 기하화 추측으로 함의된다. 페렐만은 기하화 추측을 리처드 스트라이트 해밀턴이 발표한 리치 흐름을 사용해서 증명하였다고 한다. 리치 흐름은 3차원 리만 다양체를 더 대칭적으로 만드는 변환인데, 이 경우 유한한 시간 뒤에 다양체에 특이점이 발생하게 된다. 페렐만은 이러한 특이점의 성질과 구조를 분석하는 새로운 이론을 발표하였고, 이 기법을 사용해서 기하화 추측의 증명을 완성하였다.

제가 푸앵카레 추측 증명한 듯…

덤2 베이징 수학회의 중역은 야우싱통의 제자들의 논문을 극찬하며 이렇게 말했다.

"해밀턴이 50%, 페렐만이 25% 중국인(야우싱통의 제자들)이 30% (푸앵카레 추측의 해결에) 기여했다."

– 6/3/2006 기자회견에서

중국 짱!!

※해밀턴은 페렐만의 풀이의 기초가 되는 연구를 한 사람이자 야우싱통의 친구

서**
역시 기적의 수학가드

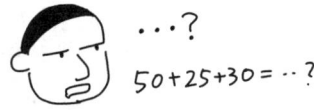

...?
50+25+30 = ...?

때로는
덧셈이 이렇게
어렵습니다.

수학자들도 가끔 틀림...

진짜 끝!

는 훼이크고
또 덤

페렐만은 한때 손톱을 굉장히
길게 길렀는데…,
(수 인치에 달했다 함)

그거 왜 기르는거야?
?

그 이유는 길어지는 걸 굳이 막고 싶지 않았다고.

손톱도 어쨌든 생명이에요.
내가 깎으려고 하면 손톱들도 느낄 것 같아요.
이유가 있어서 생겼을 텐데…
같이 잘 지내보려고요.
나 편하자고 손톱 죽이는 짓 안 할래요.

*손톱은 생명이 아닙니다.

J****** K**
????

김현종
암세포도
생명이잖아요!

천재들은 다들
똘끼가 조금씩
있나 보다…

슬쩍
슬쩍

끝!

그룹채팅(야밤의 공대생 만화, 그리고리 페렐만)

 야밤의 공대생 만화

똑똑, 페렐만 선생님 계십니까.

인터뷰 좀 하고 싶은데요.

똑똑

똑똑똑

뭐하고 사는지라도 알려주세요.

어머니랑 버섯 캐먹고 산다는 소문이 있던데 사실인가요.

스웨덴으로 건너가셨다는 소문도 있던데……

페렐만아 어디니 내 목소리 들리니

……잘 지내니…… 보고 싶다……

자?(￣ᴗ￣)

오겡키데스카~~

똑똑똑

나랑 눈사람 만들래?

……

김**
뤨이 갑작스레
올라간 것 같아
당황스럽다...

이**
시작부터 심상찮은
마약의 기운

〈나는 뇌의
작동원리를
알고 있다〉

#1. 2016년의 최고 핫 키워드는 단연 알파고와 이세돌 9단이었다.

김**
는 원상태가
되었구나...

김**
마음이 평온해졌다

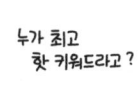

이노호
작가님
미국에 계서서
안전하다지요?

알파고의 핵심이 되는 알고리즘은 인공 신경망(Artificial Neural Network)의 한 종류인 Convolutional Neural Network (CNN, 한글로 합성곱 신경망)이라는 알고리즘이다.

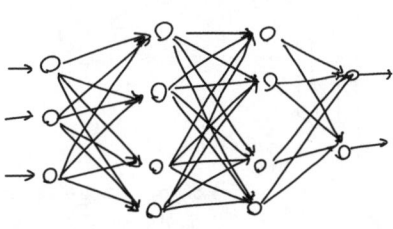

Hayoung Kim
곱창 좋아하지도 않는데
먹고 싶어지는 이름이다

오늘의 주인공은 그 인공신경망의 아버지, 제프리 힌턴이다.

제프리 힌턴
(Geoffrey Hinton)
1947 -
현직 토론토대학
교수 겸 구글 연구원

#2. 인공신경망은 첨단 기술인 것 같지만 본격적으로 연구되기 시작한 것은 의외로 80년대 초반이다.

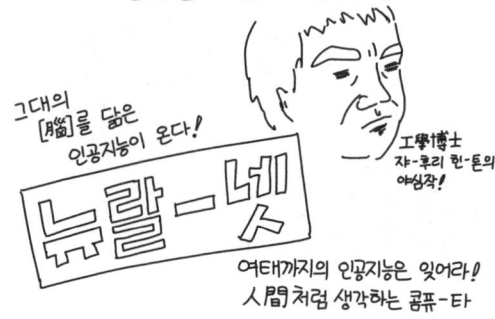

그대의 [腦]를 닮은 인공지능이 온다!

뉴랄-넷

工學博士 쟈-후리 힌-톤의 야심작!

여태까지의 인공지능은 잊어라! 人間처럼 생각하는 콤퓨-타

당시의 인공지능은 대부분 현명한 프로그래머에 의해 짜여진 규칙대로 판단을 내렸는데…

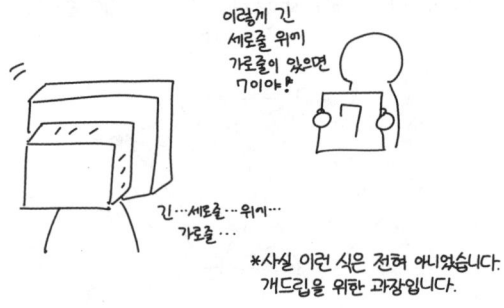

이렇게 긴 세로줄 위에 가로줄이 있으면 7이야!

긴…세로줄…위에…가로줄…

*사실 이런 식은 전혀 아니었습니다. 개드립을 위한 과장입니다.

물론 이런 인공지능은 예외에 취약하고 정확하지도 못했다.

힌턴은 기존의 방법은 잘못되었다고 판단하고 새로운 알고리즘을 모색한다.

#3. 힌턴은 인간의 뇌를 연구하는 것이 열쇠라고 판단한다.

실제로 심리학, 뇌 등을 연구함

김**
*아닙니다

박선규
허언증 갤러리인줄

김영완
에반게리온?

#4. 그는 포기하지 않았지만,

결과는 좋지 않았고…

사람들은 흥미를 잃어갔다.

그래도 그는 포기하지 않았다.

#5.

세계적인 이미지 인식 인공지능 경연대회 ILSVRC
(ImageNet Large Scale Visual Recognition Challenge)
에 출전한 힌턴과 그의 팀.

그와 그의 인공신경망은…

오답률 26% 대에서 경쟁하는 다른 팀들을 상대로 15%라는 압도적인 오답률로 승리한다.

임**
공공의 적
강철중 ㅋㅋㅋㅋ

#6. 이제 인공신경망은 관련 모든 분야에서 연구되고 있으며…

야공만

소재 고갈로 인한
돌려막기 죄송합니다

힌턴 교수는 인공지능 연구의 아버지로 추앙받고 있다.

30년간 괄시와 무관심 속에서도 자신이 맞다고 생각한 분야를 연구하기를 멈추지 않았던 힌턴,

Jeon Doh

그래도 30년 동안 연구할 funding은 계속 마련했다는 얘기네요... 그게 더 대단한 듯...

그런 그의 우직함과 열정 덕분에 인공지능 연구에 봄날이 찾아온 것은 아닐까?

HAPPY ENDING~

김**

서프라이즈 내레이터의 목소리가 들려온다

끝

덤] 엄청난 수의 컴퓨터를 이용해 거대한 인공신경망을 만든 구글

서**
그와 함께 같이 갈린 수많은 컴퓨터 공학 학석박사들...

아무 감독이나 가이드 없이 천만 개의 유튜브 섬네일을 보여주며 뭘 배우나 봤더니…

가장 처음 배운 것이 '고양이'였다고 한다.

J**** P***
/*실제로 전세계 인터넷 트래픽의 15%는 고양이가 차지하고 있습니다*/

S***** L**
#나만 고양이 없어

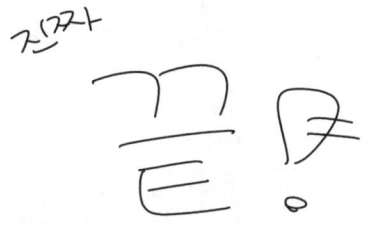

이**
마무리는 역시 고양이지

그룹채팅(야밤의 공대생 만화, 제프리 힌턴)

 야밤의 공대생 만화
안녕하세요, 교수님.

제프리 힌턴
안녕하세요, 힌턴입니다.

 야밤의 공대생 만화
인공신경망이 요새 엄청나게 핫한데요, 인공신경망에 대해 소개 좀 부탁드립니다.

제프리 힌턴
기본적으로 기계학습(Machine Learning)이라 함은 데이터를 통해 컴퓨터를 학습시키는 기술입니다. 예를 들어 어떤 마을에 월세 가격을 보니까 5평짜리 집은 100만원, 10평짜리 집은 200만원, 15평짜리 집은 300만원이었다고 해봅시다.

 야밤의 공대생 만화
더럽게 비싼 게 저희 동네를 쏙 닮았네요.

제프리 힌턴
20평짜리 집이 있다면 얼마일 것 같나요?

 야밤의 공대생 만화
아…… 400만 원?

제프리 힌턴
뭐 단순하게 그렇게 추측해 볼 수 있겠죠. 인간은 이렇듯 주어진 데이터(5평, 10평, 15평짜리 집)를 통해 학습을 하면, 처음 보는 상황(20평짜리 집)에 대해서도 답을 유추할 수 있는 능력이 있습니다. 기계학습은 컴퓨터도 이런 능력을 가질 수 있도록 하는 것을 목표로 합니다.

 야밤의 공대생 만화
멋있어 보이는 말이지만 별 거 없는데요? 그냥 단순한 수학문제 아닙니까?

제프리 힌턴
방금 같은 단순한 상황에 대해서는 그렇지요. 기계학습도 오랜 세월 연구가 되어서 이런 시시한 문제는 쉽게 풀 수 있습니다. 하지만 더 어려운 문제, 예를 들어 사진을 보고 사진 속 동물이 개인지 고양이인지 맞히는 정도가 되면 아주 어려워요.

 야밤의 공대생 만화
확실히 그런 문제는 수학을 이용해서 해결하기 까다로울 것 같긴 하네요.

제프리 힌턴
반면 사람은 개인지 고양이인지, 이런거 정말 잘 맞혀요. 그래서 인간의 뇌를 탐구해서 만들어낸 알고리즘이 인공신경망입니다.

야밤의 공대생 만화
정확히 어떤 식으로 동작하나요?

제프리 힌턴
아주 단순히 설명하면 인공신경망은 서로 연결된 수 많은 인공 뉴런들로 이루어져 있는데요, 어떤 데이터를 집어넣으면 데이터가 뉴런들을 지나가면서 특정한 값이 곱해지고 더해지고 하면서 마지막에 어떤 결과를 내놓게 됩니다.

야밤의 공대생 만화
그리고 그렇게 곱해지고 더해질 특정한 값에 대해서는 학습을 통해 배운다는 것이군요.

제프리 힌턴
그렇습니다. 얼핏 생각하면 왜 되는지도 이해가 잘 안 돼요. 그냥 뇌 닮은 구조를 만들어 놓고, 데이터를 잔뜩 집어넣어서 교육시키면 얘가 엄청 똑똑해지는 거거든요.

야밤의 공대생 만화
되긴 되는데 왜 되는지는 모른다는 말씀이시군요. 그렇게 제대로 이해하지도 못한 기술을 써도 되나요?

제프리 힌턴
그래서 인공신경망에 회의적인 시각도 있습니다. 인공신경망이 무인 자동차를 조종한다고 생각해보세요. 어떻게 동작하는지도 확실히 모르는 녀석한테 내 생명을 맡기려니 조금 찜찜하죠.

야밤의 공대생 만화
그래도 인공신경망은 요새 무척 인기가 많고 활발히 연구되고 있잖아요?

제프리 힌턴
비록 원리를 완전히 이해하지는 못했지만, 만화에서 보셨듯이 인공신경망은 기존의 어떤 알고리즘들도 풀지 못했던 문제들을 굉장히 잘 해결하기 때문입니다.
역시 잘 되면 장땡이죠!

야밤의 공대생 만화
인간이고 기계고 성과가 좋으면 장땡인 것은 똑같군요……

플레이보이와 게임이 컴퓨터를 만들었다?

컴퓨터의 뒷이야기

잡티 제거 등 사진 보정, 사진 크기 조절, 사진 속 얼굴 인식 등, 사진을 이용한 모든 기술들은 '이미지 프로세싱'이란 분야에서 연구되고 있다.

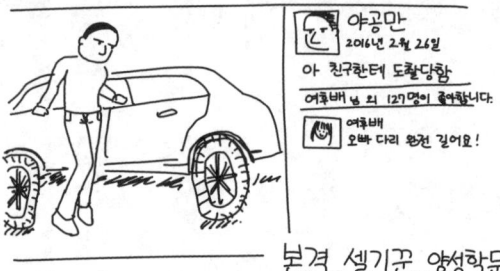

본격_셀기꾼_양성학문

김**
바퀴 길어진 것 봐ㅋㅋㅋ

그리고 이미지 프로세싱을 연구할 때 가장 많이 쓰는 테스트 이미지는 '레나'라는 여성의 사진이다.

Lena.tiff (512×512) → Lenna라고도 표기

임**
전설의 레나느님

그런데 각종 논문, 교과서, 그리고 수업 과제 등에서 40년째 사용되고 있는 이 사진의 정체는 사실···

이 만화 보시는 분들 중에서도 이 여자 낯익은 분들 많이 있을 듯

『플레이보이』지의 한 장면이다.

*올누드

〈인터넷의 퍼스트 레이디〉

레나
(Lena Söderberg)
1951 -

1973년, USC의 교수였던 알렉산더 소척 교수는 국방부의 지원 아래 JPEG과 MPEG을 개발하고 있었다.

Y******** L**
헐... 젊으셨을 땐 다르셨나 보네용 ㅋㅋ 깜짝...

야공만
헉 직접 아는 분이신가 보네요 ㅋㅋㅋㅋ
제가 너무 귀엽게 그렸나요?

여러분이 생각하는 바로 그 jpg의 초석을 다지는 연구를 했죠.

알렉산더 소척
(Alexander Sawchuk)

인터넷 같은 것이 없던 시절, 논문에 필요한 사람 얼굴 사진을 급히 구해야 했던 그는…

연구실 동료가 보고 있던 『플레이보이』지의 사진을 오려 논문에 사용한다.

M*** K**
랩에서 저걸 보다니

그렇게 학계로 진출(?)한 레나는 다른 논문들에서도 점차 사용되기 시작하고……

"(레나의 사진은) 디테일하고,
평평한 부분, 그림자, 다양한
질감 등을 포함하고 있기에
아주 좋은 테스트 이미지이다."

-데이비드 C. 먼슨
(David C. Munson)
"IEEE Trans. on
Image Processing" 편집장

*실제로 한 말

급기야 학회지의 표지를 장식하는 등, 선풍적인 인기를 끌기 시작하며 '인터넷의 퍼스트 레이디' 라는 별명을 얻는다.

"플레이보이가 인터넷의 발명에 기여하다."
— 기사 제목
"모나리자 이래로 가장 많이 연구된 여자"
— IEEE PCS Newsletter
· USC, UCLA, CMU 등의 명문 대학에서 기본적인 테스트 이미지로 사용
· 논문 237,000건 이상에 등장
— 구글 스칼라 기준
(scholar.google.com)

물론 이는 대놓고 저작권 침해이다.

FBI WARNING

· 논문이나 학회지에 무단으로 누드모델 사진을 넣으면 여러모로 안 됩니다 여러분
· 이걸 알려줘야 아나...

그렇지만 학자들의 학문에 대한 열정(?)을 귀엽게(?)
봐준 플레이보이 측은 별도의 소송을 걸지는 않았다.

1997년, 그녀는 컴퓨터 관련 학회에 특별 초대 손님으로
참석하기도 하였다.

야공만
저희에겐 모나리자 님이
학회에 온 느낌!!

오**
퀘백에서 열린 IEEE
Int'l Conf. Image
Process.(ICIP) 2015에도
레나가 스페셜게스트로
왔어요ㅋㅋㅋ
많이 늙으셨지만
기품 있었네요.

그리고 문제의 1972년 11월자 플레이보이는
7,161,561부로 역대 1위의 판매량을 기록하며
전설이 되었다.

지금도 전세계적으로 수많은 학자들이 그녀의 사진으로 온갖 연구를 하고 있다.

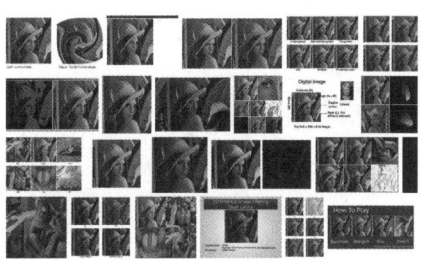

영원히_고통받는_레나

오늘의 교훈
: 세계적인 석학님들도
인간입니다.
그들도 플레이보이에
끌립니다.

물론 전 한 번도 본 적이 없지만요

남미현
ㅋㅋ 엄마들은 여기서
공감 백배하고 갑니다

오해야 엄마…

진짜

$$\frac{끄}{ㅌ}.$$

그룹채팅(야밤의 공대생 만화, 교수)

 야밤의 공대생 만화
안녕하세요, 교수님.

교수
안녕하세요, 교수입니다.

근데 저 뭐 하는 교수죠……? 제 이름 뭐죠?

 야밤의 공대생 만화
사실 이번 화에서 인터뷰를 굳이 하려면 레나 님이랑 해야 되는데 그분은 공대생도 아니고…… 뭐 할 말도 없을 것 같아서 그냥 이미지 프로세싱을 전공한 교수 누군가랑 인터뷰하는 콘셉트로 잡아보았습니다.

교수
그러니까 저는 그냥 편의에 따라 만들어진 가상의 인물이군요.

 야밤의 공대생 만화
네. 그냥 이야기 진행을 위해 대답이나 하세요.

교수
……알겠습니다.

 야밤의 공대생 만화
만화에 짤막하게 나오긴 했는데, 이미지 프로세싱이 정확히 뭐죠?

교수
기본적으로 이미지를 가지고 컴퓨터로 이것저것 하는 학문을 통틀어 이미지 프로세싱이라고 부릅니다. 사진을 확대·축소·압축하는 것부터 시작해서 포토샵으로 몸매나 얼굴 윤곽을 수정한다거나 사진 예쁘게 보이려고 필터를 씌우기도 하고 그러잖아요?

 야밤의 공대생 만화
네…… 그게 학문적으로 그렇게 대단한 거였나요?

교수
네. 예를 들어 사진 속 인물의 피부를 보정해주는 앱 같은 것 있잖아요. 그런 앱의 잡티 제거 같은 기본 기능도 깊이 들어가면 상당히 수학적이거든요.

 야밤의 공대생 만화
수학적일 게 뭐가 있는지 잘 모르겠는걸요.

교수

사진도 결국은 한 점 한 점이 어떤 값을 가지는 데이터의 집합인데요. 그중에 잡티는 주변과 다르게 특이한 값을 가지고 있단 말입니다. 신호로 따지면 펄스 같은 거죠. 좀 더 우리 쪽 언어로 말하면 고주파수 성분이라고 할 수 있고요.

야밤의 공대생 만화

고주파수라니…… 제 사진 속 잡티에서 그런 공대스러운 단어를 듣게 될 줄은……

교수

그래서 그런 고주파수 성분을 효과적으로 제거하는 수학적 기술이 쓰이는 것입니다.

야밤의 공대생 만화

제 잡티 따위에게 그런 수학을…… 황송하네요.

교수

요새는 더 다양한 일도 하고 있어요. 인공지능과 만나면서 경계가 애매해졌죠. 사진 속에서 사람을 찾아낸다거나, 사진 속에서 무슨 일이 벌어지는지 분석하기도 하고요. 사진 속 사람이 행복한지를 분석하기도 합니다. 무인 주행 자동차나 로봇의 눈이 되기도 하죠.

이런 것들을 요새는 컴퓨터 비전이라고 부릅니다. 그렇지만 이런 것도 결국 이미지 프로세싱의 멋진 버전이라고 볼 수 있지요.

야밤의 공대생 만화

제 잡티를 제거하는 것부터 무인 주행 자동차를 운행하는 것까지, 정말 우리 삶 전반에 걸쳐 영향력을 미치는 대단히 실용적인 학문이군요.

교수

그리고 『플레이보이』 잡지를 토대로 세워진 학문이기도 하고요.

야밤의 공대생 만화

정말 여러모로 훌륭한 학문이네요……

〈아타리 쇼크〉

1970년대, 미국에는 아타리(Atari)라는 엄청 잘나가는 게임기 회사가 있었다.

놀런 부슈널
(Nolan Bushnell)
1943-
아타리 창립자

← 오락 게임 하나 대박 나서 차린 회사

전**
퐁 이었나 스티브 잡스도 아타리에서 일한 적 있죠. 그 워즈니악 등쳐먹고 게임 완성시킨 그때

아타리는 워너브러더스에 인수되는데, 그 이후 좋은 게임을 만들기보다 저품질 게임을 양산해서 무조건 많이 파는 전략을 취한다.

레이 카사르
(Ray Kassar)
1980-1983까지
아타리 CEO

- 우린 겁나 예전에 끝났어. 돈 때문에 하는 거지

- 그러니까 나갈 때 엿같은 팩맨이나 사라고. 겜덕후들아.

이**
오아시스
ㅋㅋㅋㅋㅋ

이러한 분위기 속에서 개나 소나 게임을 만들기 시작하고…

＊실제로 식품 회사, 개사료 회사, 교육비디오 회사 등등 진짜 아무나 게임업계에 뛰어들었다.

우후죽순처럼 생겨난 제작사들은 서로를 베끼기에 바빴다.

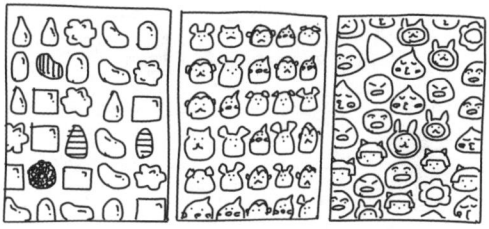

편사님 왼쪽 컷은 고양이가 그렸습니다…

심지어 막장 포르노 게임까지 나오는데…

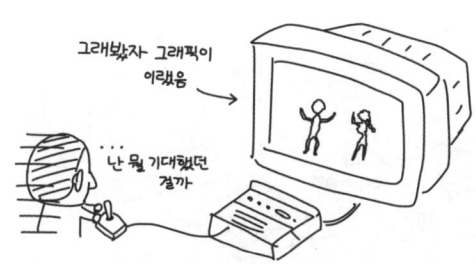

이런 상황 속에서 영화 <E.T.>가 대박을 치자…
(1982)

(이런 전통은 21세기 대한민국 IT업계에서도 흔히 볼 수 있다.)

이**
울나라 겜회사가
80년대 미국을 닮았넹

결국 5주만에 만들어진 <E.T.> 게임은 (당연히) 쓰레기였고 거의 팔리지 않는다.

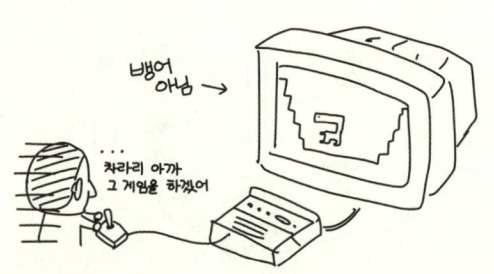

전**
근데 당시 시장에 있던
제품들도 워낙 쓰레기
같아서 차라리 저게
5주 만에 한 건데도
(절대 게임성 좋은 건
아니지만) 당시 있던
게임 중 최악 수준은
아니었다고 합니다.
다만 그 유명한 ET의
브랜드를 이용해 똥망겜을
만들었으니… 원…

전**
얼마 전에 다시 파냈죠?

작가 주:
파묻은 350만 개를 다시 파낸 것은 아니고 아타리 관련 제품이 이것저것 버려져 있던 매립지를 발견한 것.

끝

미국 비디오게임 위기는 서서히 복구되기 시작하였다. 첫 번째로, 가정용 게임기 제작사가 일본으로 이동한 것이다. 1987년 비디오게임 시장이 복구될때, 선두주자로 닌텐도의 닌텐도 엔터테이먼트 시스템은 소생하는 아타리와 세가와 싸우기 시작하였다.

두 번째로, 서드파티 제작자가 개발한 소프트웨어의 질적인 문제가 제어되기 시작한 것이다. 닌텐도는 저질게임이 나가는 걸 막기 위해서 모든 시스템의 게임에 승인받았다는 금색 딱지를 붙이도록 하였다. 이런 닌텐도의 플랫폼 제어는 그 후 세가나, 소니, 마이크로소프트에서 수용하게 된다.

뒷 이야기 | 이렇게 망해버린 미국의 게임 시장에 혜성처럼 등장한 자가 바로 닌텐도였다.

닌텐도는 이미 이미지가 나빠져버린 '게임기' 대신 'NES (Nintendo Entertainment System)'라는 이름으로 크게 성공하는데…

전**
실제로 닌텐도도 미국 시장에 들어올 때 게임도 되고 교육도 되는! 같은 느낌의 홍보를 한 게 워낙 게임에 대한 인식이 나빠져서였다고 하죠.

그 후론 모두가 아는 것처럼, 닌텐도, 플레이스테이션 등 일본이 시장을 10년 이상 주도하게 된다.

신**
왼쪽 두번째 애 이름이 젤다죠?

그러니까 있을 때 잘하자

연애고 산업이고 한 번 떠나면 끝이다.

양의정
한 번 떠나면 끝이라고 하셨는데 지금 미국은 엑스박스가 플스보다 훨씬 인기가 많아요. 어떻게 마이크로소프트가 다시 주권을 잡아왔는지는 저도 잘 모르겠지만 한 번 떠났지만 끝은 아니더라고요 ㅎㅎ

막간 응용팁 | 무조건 게임기가 아니라고 하자

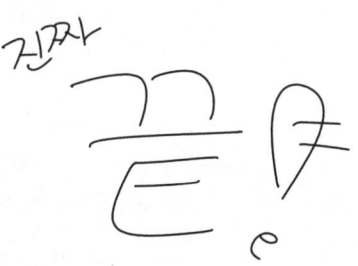

박**
최첨단 DVD 산다고 하고 PS 2 샀던 기억나네

우리 모두 화이팅!

진짜 끝!

그룹채팅(야밤의 공대생 만화, 놀런 부슈널)

 야밤의 공대생 만화
안녕하세요, 오늘은 아타리의 창립자인 놀런 부슈널 님을 모셨습니다.

놀런 부슈널
안녕하세요, 부슈널입니다.

 야밤의 공대생 만화
거의 최초로 대성공한 비디오 게임 회사 아타리를 만드셨는데요, '퐁'이라는 게임이 대박을 친 덕분이라고요.

놀런 부슈널
예. 처음에는 우주에서 싸우는 게임 같은 것들을 만들었는데 크게 히트를 하진 못했고요, 새로운 개발자를 뽑으면서 실력을 테스트해보려고 만들게 한 게임이 퐁이었는데 이게 엄청난 대박을 쳤습니다. 기본적으로 두 사람이 판을 움직이며 공을 상대방 진영으로 쳐내는 탁구 같은 게임입니다.

 야밤의 공대생 만화
굉장히 단순하고 재미없어 보이는데요……

놀런 부슈널
지금이야 그렇지만 그 당시에는 파장이 대단했습니다. 술집 같은 데서 동전을 넣고 하는 게임이었는데, 다른 게임들보다 매출이 4배 많았습니다. 술집들은 인기 많은 게임기이니 꼭 사서 매장에 비치하려 했고 주문량이 엄청났죠.

 야밤의 공대생 만화
예나 지금이나 술 먹으면 경쟁심이 불타는 걸까요?

놀런 부슈널
아무래도 그런가 봐요. 덕분에 매출이 엄청났어요. 사람들도 비디오 게임이 돈이 된다는 것을 퐁을 통해 알게 되었고 비디오 게임 시장이 열리기 시작했죠. 역사상 가장 중요한 게임으로 평가받고 있습니다.

 야밤의 공대생 만화
그렇게 아타리도 성장하기 시작한 것이군요.

놀런 부슈널
예. 퐁에 대해 좀 더 얘기하자면, 이게 저는 게임 이상의 무엇이었다고 생각해요. 퐁은 둘이 있어야 할 수 있는 게임이거든요. 술집에 가면 흔히 술 취한 여성이 다른 남자에게 퐁을 하고 싶은데 같이 할 사람이 없다, 같이 하겠느냐 하고 묻는 모습을 흔히 볼 수 있었어요.

그렇게 같이 술 한잔 하고, 게임도 한 판 하고 그러다가 친해지고……

야밤의 공대생 만화
……굉장히 훌륭한 게임이었는데요?

놀런 부슈넬
심지어 퐁은 한 손만 있으면 할 수 있는 게임이었거든요. 어깨를 맞대고 같이 게임하다 나머지 한 손은 상대의 어깨에 두르기도 하고 허리에 두르기도 하고…… 제게 '아내를 술집에서 퐁 하다가 만났다'라고 말한 사람도 여럿 있어요.

저는 그런 부분에서 세상에 큰 기여를 한 것 같아 굉장히 뿌듯합니다!

 야밤의 공대생 만화
이런 멋진 문화가 지금은 왜 사라진 것입니까!!

컴퓨터 운영체제 유닉스(Unix)

K** G**
전직 UNIX에서
고데기 디자인을
했었습니다...
쓰시는 고데기들
드라이기들 모두
제 손을 거친...

야공만
진짜가 나타났다!!!

나름 아이폰에 들어가는 iOS, 맥북에 들어가는 OS X 등의
베이스가 되는 녀석이다.

김**
ㄲㄲ 이빼기 미안해

오늘의 이야기는…

〈유닉스의 탄생〉

벨 연구소의 직원이었던 켄 톰슨은 어느 날 우주 여행(space travel)이라는 게임을 만든다.

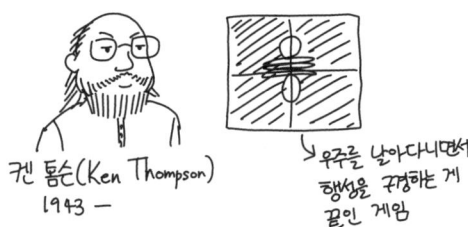

김**
f_5z^3-3zr^2 오비탈?

야공만
아놔ㅋㅋㅋㅋㅋ
여기서 이러시면 안 됩니다

당시는 1969년으로, 윈도우니 애플이니 이런 게 없을 때였고,

몇 대 없는 귀하신(?) 컴퓨터로 게임을 만들어 하던 톰슨은 회사에 걸리고 만다.

톰슨은 포기하지 않고 컴퓨터를 더 사달라고 요구하는데,

실패한다.

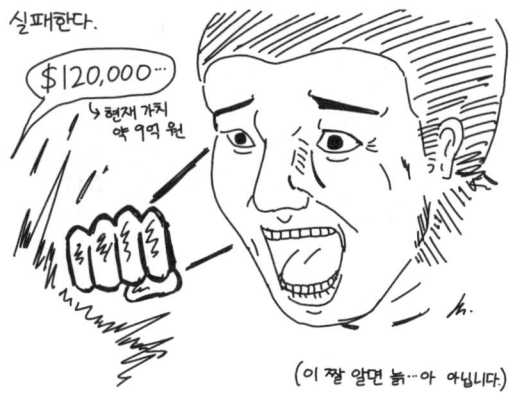

결국 그는 옆 부서에 처박혀 있던 미니 컴퓨터 PDP-7을 주워온다.

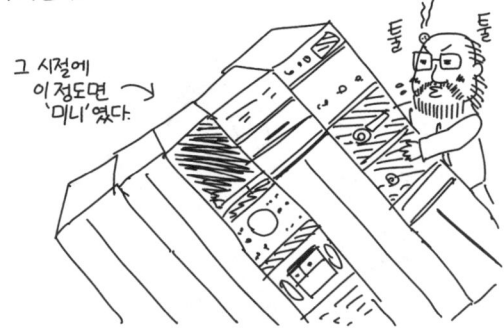

PDP-7에 자신의 게임을 옮기던 그는 게임을 더 빠르게 하려고 노력하다가……

J****** J***

밥 먹으려고
모내기부터
하는 수준이네

유닉스를 만들어버린다.

한**

게임이 이렇게
유익합니다

가끔 이렇듯 위대한 발명은 장난질에서 나오는 법이다.

(비슷한 예: 물놀이 하다가 자유멸망병기를 만든 D군)

아툰 이렇게 해서 탄생한 유닉스는 기존에 벨 연구소에서 만들던 운영체제 멀틱스(Multics)보다 좋았다.

그리고 우주 여행 게임은 그 결과 참 잘 동작했지만,

히트하지는 못했다.

여러분
게임이
이렇게
생산적입니다.

끝

덤 이야기 | 톰슨과 함께 유닉스를 만든 데니스 리치

그는 프로그램을 쉽게 만들 수 있도록 C언어를 개발 하기도 했고,

정**
쉽게 하기 위해서였대...
.... 노답ㅋㅋㅋㅋ

전설적인 C언어 교재인 통칭 "K&R"을 쓰기도 했다.

류**
열혈아재...

김**
C언어의 C는
우리의 학점이지!

장**
불쌍해...

김**
세상에ㅠㅠ

고**
현조세호
구양배추
ㅋㅋㅋㅋㅋ

김**
모르는데
어떻게 태워요ㅋㅋㅋ

김민용
J형 야공만 보러
안 오셨다는데....

도대체
어쩌다가
유닉스로 시작한
만화가 개그맨
J씨로 끝났을까…

K***** Y***
톰슨 님은 지금도
구글에서 활동 중이시죠.
최근 Go언어 개발에도
참여하셨습니다.
우리 나이로 74세
기가 막힙니다…
잘 봤습니다 재밌어요 :)

여튼
끝!

유닉스는 처음부터 다양한 시스템 사이에서 서로 이식할 수 있고, 멀티태스킹과 다중 사용자를 지원하도록 설계되었다. 유닉스 시스템은 다음과 같은 개념을 가지고 있다.

일반 텍스트 파일, 명령행 인터프리터, 계층적인 파일 시스템, 장치 및 특정한 형식의 프로세스 간 통신을 파일로 취급 등.

소프트웨어 공학 측면에서, 유닉스는 C의 사용과 유닉스 철학이라는 부분이 특징이다.

유닉스(UNIX) 상표권은 오픈 그룹이 갖고 있으며, 유닉스 소스 코드에 대한 저작권은 노벨이 소유하고 있다.

그룹채팅(야밤의 공대생 만화, 데니스 리치)

야밤의 공대생 만화
안녕하세요, 이번에는 만화 후반부에 등장한 데니스 리치 선생님을 모셨습니다.

데니스 리치
안녕하세요, 데니스 리치입니다.

야밤의 공대생 만화
켄 톰슨 선생님이 주인공이셨던 것 같은데, 왜 그분이 나오지 않으셨죠?

데니스 리치
그 친구는 아주 길게 나왔는데 저는 마지막에 너무 잠깐 나온 것 같아서요……

야밤의 공대생 만화
……그렇군요. 그래서 선생님께서 그 유명한 프로그래밍 언어인 C언어를 개발하셨다고요?

데니스 리치
네, 그렇습니다.

야밤의 공대생 만화
왜 그러셨죠…… 도대체 왜……

데니스 리치
……사과해야 할 타이밍인가요. 나름 잘 만든다고 만들었는데……

야밤의 공대생 만화
……왜 이렇게 메모리 보호가 안 되고……

데니스 리치
그건 알아서 잘 하셔야……

야밤의 공대생 만화
……

데니스 리치
……

야밤의 공대생 만화
죄송합니다. 제가 순간적으로 개인적인 감정이 앞섰네요. 앞의 이야기는 잊어버리고 C언어를 만들게 된 배경을 좀 알려주세요.

데니스 리치
> 만화에서 보셨다시피 저희가 유닉스를 PDP-7 컴퓨터 위에서 최초로 만들었는데요, 이걸 다른 컴퓨터로 옮기려다 보니 프로그램을 아예 새로 다시 다 만들어야 하더라고요.

 야밤의 공대생 만화
> 요즘은 프로그램 하나 만들면 온갖 컴퓨터에서 다 돌아가는데 그때는 그렇지 않았나 보군요.

데니스 리치
> 네. 컴퓨터들은 원래 각자 다른 언어를 구사하거든요. 서로 말을 알아들을 수 없죠. 그래서 프로그램을 여러 컴퓨터에서 동작하게 하려면 각각 알아들을 수 있는 말로 만들어줘야 하죠.

 야밤의 공대생 만화
> 공통으로 알아들을 수 있는 언어가 없었던 것이군요.

데니스 리치
> 바로 그래요. 그래서 모든 컴퓨터가 알아들을 수 있는 언어인 C언어를 만들었다고 보시면 돼요. 한국인, 중국인, 일본인 모아놓고 한국어, 중국어, 일본어로 각각 말해주는 대신 만국 공통어인 영어로 말하는 것과 비슷하다고 볼 수 있죠.

 야밤의 공대생 만화
> 영어 극혐……

데니스 리치
> 그러면 각각의 컴퓨터들은 만국 공통어인 C언어를 자기가 알아들을 수 있는 말로 번역한 뒤 프로그램을 실행합니다. 이렇게 C언어를 이용해 유닉스를 컴퓨터 종류에 상관없이 동작하도록 만들 수 있었습니다.

 야밤의 공대생 만화
> 그렇게 들으니 정말 깊은 뜻이 있었군요…… 그런 줄도 모르고 제가 투정을 부렸네요. 죄송합니다.

데니스 리치
> 아닙니다. 알아주시니 감사하네요.

 야밤의 공대생 만화
> 다만 메모리 보호는 좀 해주시지 그러셨어요……

데니스 리치
> ……

컴퓨터 운영체제 BSD

유닉스(Unix)에서 파생된 운영체제로 OS X(맥),
iOS(아이폰)의 아버지 격인 녀석이다.

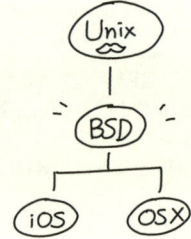

*〈유닉스의 탄생〉편에서 유닉스가
iOS, OS X의 아버지라고 했지만
사실 할아버지인 셈

J****** K**
BSD는 TmaxOS의
아버지이기도 합니다.

한**
BSD: 나는 그런 아들
둔 적 없네!

작가 주: TmaxOS는
티맥스소프트에서
2016년 발표한
OS입니다.

오늘의 이야기는 BSD와 유닉스의 법정 싸움에
대한 이야기이다.

본격 패륜 드라마

박**
ㅋㅋㅋㅋ깨알 같은
쌈자 드립

⟨BSD와 법정 공방⟩

앞서 배웠다시피 유닉스는 AT&T 산하 벨 연구소에서 개발됐다.

게임 만들다가 곁다리로 개발했죠!

켄 톰슨(Ken Thompson)
1943 -

*⟨유닉스의 탄생⟩편 참조

AT&T는 독점기업이었기 때문에 유닉스를 무척 싸게 팔았고,

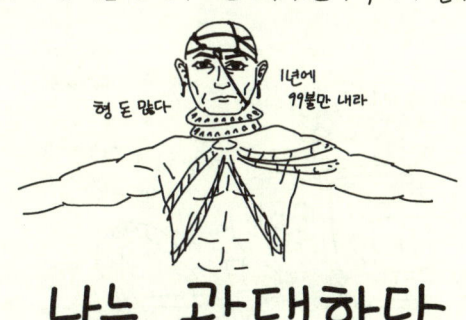

형 돈 많다   1년에 99불만 내라

나는 관대하다

미국의 명문대학 버클리 (University of California, Berkeley) 의 연구팀은 유닉스를 사서 개조해 BSD를 만든다.

* Berklee 음대 아닙니다.

인터넷이 발전하기 시작하자, 버클리 대학은 BSD도 인터넷이 되도록 만들기 위해 BBN이라는 회사를 고용하는데,

S***** N**
ㅋㅋㅋ
쿠사나기 소령ㅋㅋ
ㅋㅋㅋㅋㅋㅋㅋㅋ

인터넷이 되도록 만드는 것은 생각보다 쉽지 않았다.

W***** M**
"와씨. 금방 될 것 같았는데 안 되네."
공감 100만 개입니다.

Jeon Doh
수많은 공대 대학원생들의 모습입니다.

정**
대학원생이
너무 늙었어요ㅠㅠㅋㅋ

오**
랩실 생활 오래 하면
다 저렇게 됩니다

B**** K**
빌 조이,
Sun Microsystems의
설립자 중 한 명
이기도 하죠.

다시 버클리 학생이었던 20대 대학원생 빌 조이는
이런 모습을 보더니…

빌 조이 (William Joy)
1954 -
대학원생

자기 혼자 뚝딱 만든다.

이 덕분에 BSD는 인터넷 기능이 생긴다.

성시창
노력은 배신해

황**
나를 배신하지
않는 건 운뿐

박**
그중에 엄마라는
단어 말고
믿을 거 없어

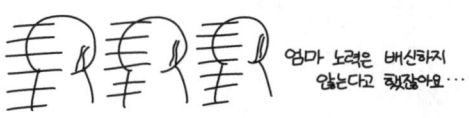

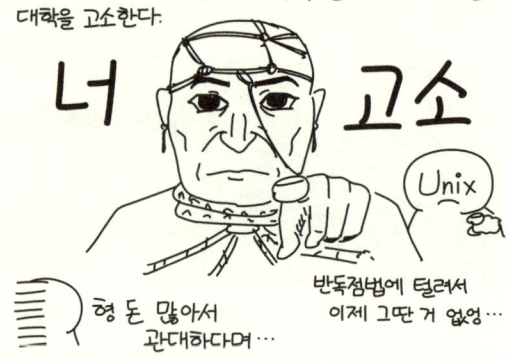

알고 보니 인터넷 관련된 부분은 구현하기가 어려워서
유닉스에서도 빌 조이의 코드를 훔쳐 쓰고 있었던 것이다.

최**
ㅋㅋㅋㅋㅋ
ㅋㅋㅋㅋㅋ

김**
뭐야...
이 사람 무서워...

도리어 위기에 빠진 AT&T

결국 둘은 합의하고 훈훈하게 마무리된다.

HAPPY ENDING~

오늘의 교훈
: 천재 한 명이
　이렇게 짱짱셉니다.

Jeon Doh
슬프지만
반박할 수 없다

안태우
리누스 토르발스
의문의 1승

H** *** L**
소프트웨어계
어부지리

Jeon Doh
더 슬프지만
이건 더 반박 못하겠다.

야공만
더 슬픈 건
리눅스 개발자인
토르발스도 천재입니다.
타이밍이 와도
먹으려면 천재여야(?)

박성재
팩트좀 그만......

오늘의 교훈 2
: 천재고 나발이고
역시 인생은 타이밍!

K**** **** L**
싫다싫어ㅋㅋ

안태우
미친ㅋㅋㅋㅋㅋ
ㅋㅋㅋㅋㅋㅋㅋ
ㅋㅋㅋㅋㅋㅋㅋ

S***** N**
헐 ㅋㅋㅋ
vi에디터가 여기서

임**
설마 그 vi인가 했는데
ㅎㄷㄷ;;

오늘의 교훈 3
: 필요하면 만드세요

참 쉽죠?

진짜
끝!

그룹채팅(야밤의 공대생 만화, 빌 조이)

 야밤의 공대생 만화
안녕하세요, 빌 조이 선생님.
만화를 인터넷에 올렸을 때, 사람들이 BSD에 대해서 보다 vi에 대해서 더 큰 관심을 보이더라고요.

빌 조이
예, 아무래도 BSD는 요새 잘 안 쓰니까요……

 야밤의 공대생 만화
그래서 vi가 무엇인가요?

빌 조이
작가님도 vi 매일 쓴다고 하지 않으셨나요?

 야밤의 공대생 만화
네 사실 매일 쓰는데…… 그래도 이런 질문을 해야 이야기 진행이 되니까요.

빌 조이
……네, vi는 텍스트 에디터입니다. 쉽게 말하자면 윈도우의 메모장이나 워드 같은 거랑 비슷하다고 보시면 돼요.

 야밤의 공대생 만화
그런데 프로그래머 분들이 많이 쓰신다고요.

빌 조이
네. 프로그래밍이라고 하면 거창해 보이지만 사실은 그냥 C언어같이 컴퓨터가 알아들을 수 있는 언어로 이렇게 해라 저렇게 해라 글을 쓰는 것뿐이거든요.

그래서 그냥 글씨만 쓸 수 있으면 어떤 프로그램으로든지 프로그래밍을 할 수 있습니다. 윈도우 메모장 같은 걸로도요. vi도 그래서 텍스트 에디터라고 했지만 사실은 프로그래밍을 할 때 쓰는 도구라고 보시면 됩니다.

 야밤의 공대생 만화
그렇군요. 덕분에 저도 잘 쓰고 있습니다. 그런데 어떻게 하다가 vi를 개발하게 되셨나요?

빌 조이
vi가 생기기 전엔 다들 켄 톰슨이 만든 ed라는 프로그램을 썼어요. 근데 이게 엄청 느렸죠. 그래서 조지 쿨로리스라는 분이 그걸 개조해서 em이라는 프로그램을 만들었습니다.

 야밤의 공대생 만화
em이요? 이상한 이름이네요.

빌 조이
네. Editor for Mortals(유한한 생명을 가진 자들을 위한 에디터라는 뜻)의 약자입니다. 그 전의 에디터들은 너무 느려서 쓰다가 늙어 죽겠다는 비꼼을 담은 이름이죠. 저는 이 에디터에 감명을 받아서, 조금 개조해 en을 만들었습니다.

야밤의 공대생 만화
en은 또 뭐죠. 갈수록 이름이 이상해지네요

빌 조이
em에서 알파벳 m 다음이 n이라 en이라고 한 건데요.

 야밤의 공대생 만화
아 네……

빌 조이
그리고 여차여차하다가 ex가 됐다가 또 여차여차해서 vi가 되었습니다.

 야밤의 공대생 만화
……갑자기 중요한 부분이 엄청 생략되었는데요?!

빌 조이
계속 이상한 이름의 에디터를 만드는 이야기의 연속이라 그냥 생략했습니다.

 야밤의 공대생 만화
……위대한 프로그래머가 되려면 작명 센스도 정말 중요하군요.

이게 근데 초보자가 쓰기 쉬운 에디터는 아닌 것 같습니다.

빌 조이
예, 아무래도 요새 나오는 프로그램보다는 불편하죠. 요새 프로그램들에서 볼 수 있는 멋진 기능들도 없고, 일단 마우스를 쓸 수 없으니까요.

대신 단축키로 모든 걸 할 수 있도록 만들었는데요, 또 기능이 많다 보니 단축키가 엄청나게 많아져서……

 야밤의 공대생 만화
그 단축키를 외우는 것도 쉽지 않겠군요.

빌 조이
예 그렇습니다. 예를 들어서 맨 위로 가고 싶으면 gg라고 누르면 되는데, 마우스 스크롤만 슬쩍 돌리면 되는 요즘 프로그램에 비해서는 불편하게 느껴질 수 있죠.

 야밤의 공대생 만화
왠지 패배감이 느껴지는 단축키로군요.

빌 조이
어쨌든 빠르고 단순해서 현대에도 많은 분들이 쓰고 있다니 감사한 일입니다.

야밤의 공대생 만화
네, 저도 덕분에 잘 쓰고 있습니다!

저자 후기

어렸을 때 제 꿈은 만화가였습니다. 초등학교 때는 연습장에 만화를 그리면 쉬는 시간마다 반 아이들이 돌려서 보곤 하였습니다. 옛날 일이지만 그 인기가 굉장히 선풍적인 수준이었다고 기억합니다. 지금도 고향 집에 가면 그때 그린 만화들이 커다란 박스에 가득 있습니다. 그렇지만 만화가가 되고 싶다고 말하고 다니면서도 마음 한 켠에서는 그게 불가능할 것이라고 생각했나 봅니다. 중학교에 들어가면서 자연스럽게 만화는 더 이상 그리지 않게 되었고, 공대로 진학하며 만화와는 상관 없는 진로를 걷게 되었습니다.

1년 반쯤 전에 3만원 정도 하는 태블릿 펜을 하나 샀습니다. 막상 사고 나니 할 것이 없더군요. 이대로는 3만원을 날렸다는 생각에 아이패드에다가 뭐라도 그려볼까 하다가 '만화를 그려볼까?'라는 생각이 들었습니다. 지금 만화에 비하면 심하게 엉망인 그림이었고 제목이랄 것도 없었습니다. 그렇게 그린 만화를 학교 커뮤니티 사이트인 '스누라이프' 자유게시판에 올렸습니다. 제목은 "야밤에 공대 만화를 그려보았습니다."

(눈치채셨겠지만 그래서 '야공만'이 되었습니다.) 스스로 말하기 부끄럽지만 반응은 가히 폭발적이었습니다. 학교 커뮤니티 사이트를 오래 한 친구들도 이렇게 추천을 많이 받은 게시물은 처음 본다고 할 정도였으니까요. 원래 연재를 할 생각은 없었지만 반응이 좋으니 한 화만 더 그려볼까 하는 생각이 들더군요. 그렇게 한 화, 또 한 화 그리다 보니 여기까지 오고 말았습니다. 출판이라니, 이건 정말 만화가 같은 걸요. 이 정도면 어릴 때 꿈을 이뤘다고 해도 될 것 같습니다. 못 이룰 줄 알았는데 말이죠.

연재하는 내내 재미있는 과학만화를 그리자고 생각했습니다. '야공만'은 여러분에게 과학을 배우려고 보는 만화가 아니라, 엄마가 공부하라고 사주는 교육만화가 아니라, 그냥 재미있어서 보는 만화였으면 좋겠습니다. 저는 이제 막 공학의 세계에 발을 내딛기 시작한 햇병아리입니다. 나름대로 조사를 하고 그렸지만 이 책에는 잘못된 정보도, 불충분한 정보도 있을지 모릅니다. 완벽한 과학서는 아닐지도 모릅니다. 그렇지만 재미있는 책이었으면 좋겠습니다. 그래서 과학에 관심이 없는 사람도 재미있게 읽고 그를 시작으로 과학과 과학사에도 약간 관심을 가지는 첫 계기가 되는 책이었으면 좋겠습니다. 제가 어느 정도 성공했는지는 모르겠지만, 누군가가 이 글을 읽고 계시다면 굳이 저자 후기까지 읽으시는 걸 보니 그래도 재밌게 읽으신 것 같아 조금은 안심입니다.

여기까지 온 것은 다 여러분 덕분입니다. 저는 쉽게 흥미를 느끼는 만큼 쉽게 질리고, 인터넷 커뮤니티나 SNS를 하는 것도 별로 즐기지 않는 사람입니다. 그런 제가 일년 반 동안 연재를 계속하고 이렇게 책까지 내게 된 것은 저를 응원해주시고 좋아요와 댓글을 달아 주시고, 지금 이 책을 읽어주고 계시는 여러분이 있었기에 가능한 일입니다. 제 어눌한 말주변으로 다 표현할 수 없을 만큼 감사합니다.

야공만은 앞으로도 제가 아이디어가 고갈되지 않는 한 계속될 예정입니다. 여태까지 함께해주셔서 감사하고, 앞으로도 많이 사랑해주세요.

2017년 6월 22일
카네기멜론대학 CIC빌딩 연구실에서
맹기완

진짜 진짜
진짜 진짜
끝.

야밤의 고대사 만화

2017년 7월 7일 초판 1쇄 펴냄
2025년 12월 12일 초판 23쇄 펴냄

지은이 맹기완

펴낸이 정종주
편집 박윤선
마케팅 김창덕

펴낸곳 도서출판 뿌리와이파리
등록번호 제10-2201호(2001년 8월 21일)
주소 서울시 마포구 월드컵로 128-4 2층
전화 02)324-2142~3
전송 02)324-2150
전자우편 puripari@hanmail.net

디자인 공중정원
종이 화인페이퍼
인쇄 및 제본 영신사
라미네이팅 금성산업

값 16,000원
ISBN 978-89-6462-087-8 (03400)

이 도서의 국립중앙도서관 출판예정도서목록(CIP)은 서지정보유통지원시스템 홈페이지(http://seoji.nl.go.kr)와 국가자료공동목록시스템(http://www.nl.go.kr/kolisnet)에서 이용하실 수 있습니다.
(CIP제어번호: CIP2017014810)